上班不如賣雞排

爆

客慣老闆的

幹人生

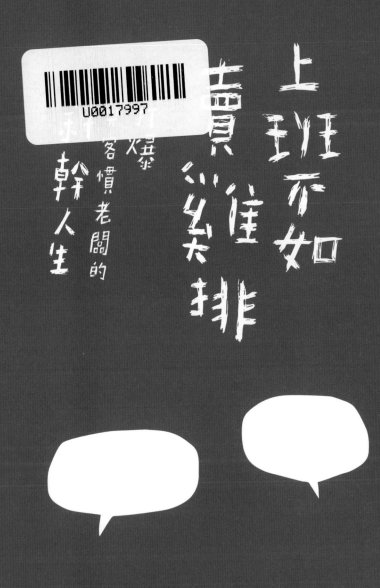

目錄

職場上不懂得拒絕，不拗你拗誰？你就自己做到死。面對不合理的要求絕不輕易妥協！勇敢捍衛自己的權益，揮除奴性。

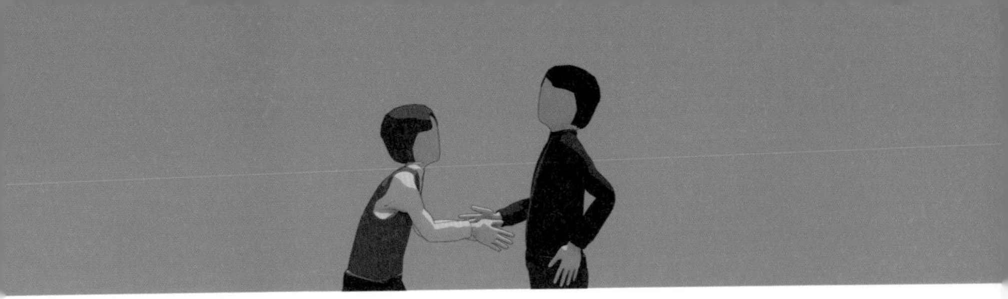

「共體時艱」、「能者多勞」、「老闆很肯給」、「順便一下」，你肯定也聽過的職場幹話 看懂這些幹話背後都在想什麼。

用老闆的高度思考？那我幫自己加薪好不好？破解慣老闆最常使用的畫大餅、空白支票等詐欺伎倆。

人物介紹

老闆

資方，通常公司成長了只是因為運氣好，而不是老闆有能力。全都長一個樣。

主管

無特殊技能，純粹因為不知道這個人可以做甚麼，只好調為管理職。專長是假裝沉思、製造陰暗氣息、整天擔心自己會不會被換掉。也都長一個樣。

一般員工

職場上永遠都會存在的「螺絲」，大致上可以分為「奴」的以及「不奴」的。還是都長一個樣。

小深藍

名為小深藍，但無關政治立場，是因為常常被憂鬱附身。本體是在傳統代工廠裡打滾的一介小美工，見識了各式各樣的人情冷暖、職場奇談……為了在這個荒謬的社會裡生存下去，只好平日上班，下班兼差賣鹽酥雞，假日到咖啡店打工。

豬血糕老闆

所有一切都是個謎、全身都可以進行攻擊的男人，感覺跟超靠杯老闆磁場不是很合。夜市裡最稱職的清道夫。

超靠杯老闆

爽朗且正義感十足的大叔，被戲稱是長得像瓦斯桶的聖騎士。原本在公司裡面當小主管，為了幫同事爭取獎勵而資方被視為眼中釘，所以最後跑來夜市賣飲料。最喜歡的一句話是：「活著就有希望」

蘆小小

總是躲在玩偶裝裡的糖葫蘆老闆，真正的本體是玩偶裝裡面的人，還是玩偶裝本身，已經不得而知。只知道他身上總是有甜甜的香味，以及必須先付錢才能拿糖葫蘆。

叫賣老闆

靠著三吋不爛之舌在夜市求生存的男人，常常在不對的時間點、拿出不對的東西、賣給不對的人？但總是可以馬上成交，目前看起來是這條夜市裡營收最高的攤位。

閃電快遞

因為上班的時候做事太有效率，所以不斷被凹，之後把自己的工作效率換算一下發現，原來自己創業其實比較賺，所以就成立了閃電快遞的服務。

三杯

夜市的吉祥物？地下老大？外表看起來是隻討喜可愛的貓咪，實際上卻有著個不折不扣的老頭個性。唯一可以在夜市裡隨心所欲的生物。

各界推薦

出版魯蛇碎碎念

這本書真的是會跪著看完。小深藍根本是我遠端的拜把兄弟啊啊啊啊啊！！！（等等，人家有要跟你拜把嗎XD）

編輯小姐 yuli

職場上的苦悶和賭爛人人遇過，也很多人畫過，但敢這樣直接用球棒爆頭的畫面來表達憤怒的大概只有這本了。雖說上班不如賣雞排，精確來說是「那些在辦公室裡你會理所當然默默吞下去的事情，換成是雞排攤的奧客行為，就會恍然發現超級不合理」。另外，作者小深藍的畫功超強，雞排攤的食物栩栩如生的程度令人嘆為觀止，厭世感也是非常真實。

韋宗成

簡單的圖像組合豐富的人生體驗，適合遇到雞掰人後的你共享！

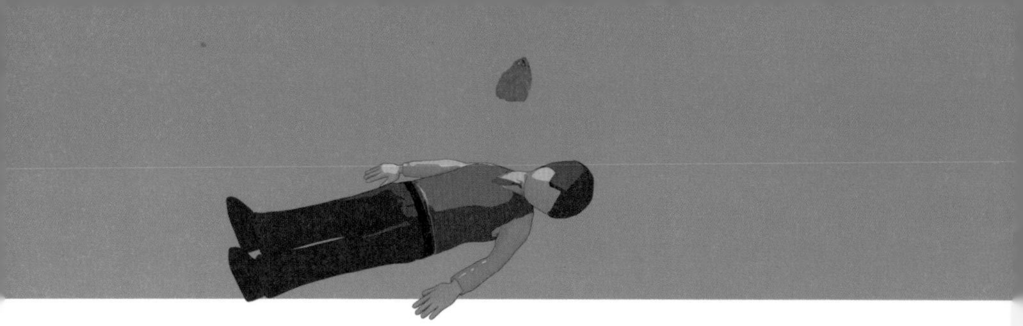

謝東霖

在職場中常常遇到無以名狀的悲屈嗎？一肚子火但好像沒人懂你的痛嗎？這本書彷彿滴著血淚在告訴你：我都知道，我都明白。真的好羨慕這本書中的應對手段，有時候真的會想透過解決人的方式來解決問題啊！謝謝小深藍創作這樣一本尖銳入裡又黑色幽默的職場繪卷，看完後下次在職場又碰到一樣狀況，起碼我多了一個會心一（慘）笑的機會。

蠢羊與奇怪生物

上班不如賣雞排，畫漫畫不如從政，「能者多勞」這句幹話不知害死了多少台灣新鮮的肝。小深藍的新書讓我看著看著都想重新投胎。如果人生有時光機，我會飛回去告訴年輕的自己——「有能力沒有用，會抱大腿才有用，學習說話吧孩子」——歡迎來到真實的職場世界。

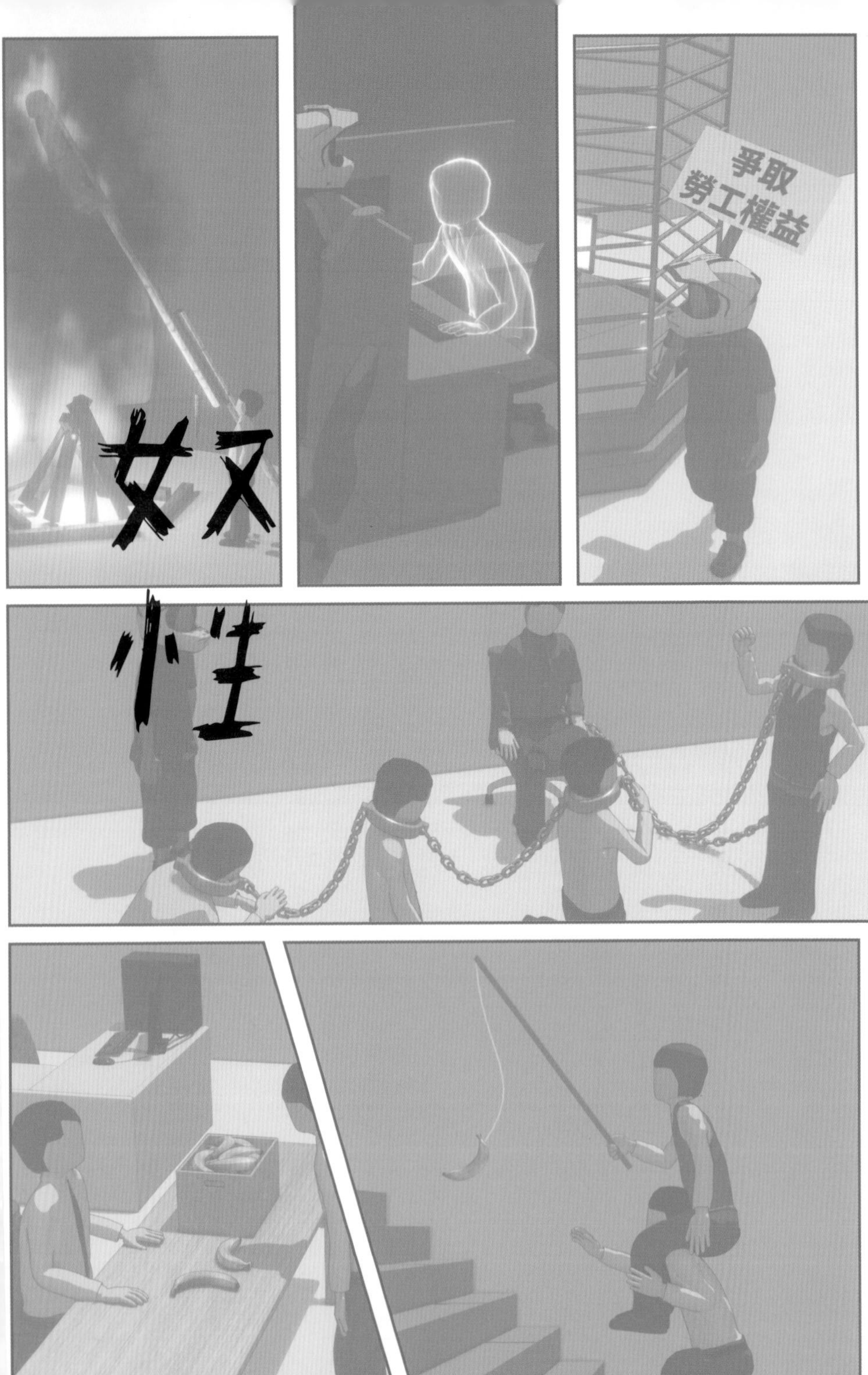
奴
爭取
勞工權益
性

奴性

「你看看他，每次都喜歡用一副高高在上、自以為是的嘴臉，告訴我們公司有多好、多棒⋯⋯真的不知道他到底是在拍馬屁，還是真的已經腦袋壞掉，以為自己是資方？難道他看不出來，其實自己也只是個階下囚嗎？」

邊翻白眼邊抱怨的
T同事說

標準奴性堅強的奴工

「當我們合法爭取屬於勞工的權益時，總會有一群帶著奇特思想的既得利益者們跳出來，大聲的訓斥我們不該爭取屬於自己的權利，因為現在剝削你的那位老闆，他可是相當辛苦的呢！就是這樣，總會有些人，想盡辦法讓這個社會停滯不前⋯」

下個月準備參加合法罷工的H同事說

異教徒

「他們覺得在這裡不願意『私器公用』的人，就是沒有向心力、不願為了大家的未來一起打拼……所以當他們詢問你有沒有社群網路帳號的時候，最好不要跟他們扯上關係，不然他們將會想盡各種辦法，消滅像你這種不合作的異教徒，讓這裡的未來變的更加美好？」

有點神經質的
A同事說

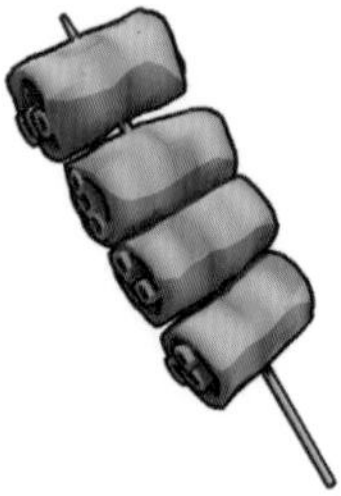

比價

在接案的時候最常遇到，當你報價之後，客人就會開始努力地試圖說服你。說他之前跟某某人合作過的經驗，收費便宜很多，證明其實你提供的服務並沒有你的報價那麼值錢，又或者其實他不是那麼需要你的服務等理由。

但，當你拒絕提供服務給他的時候，你瞬間就變成不會做生意的人，一切的一切都是你的問題。

食材超寫實，看到都餓了

台灣最後一家 鹽酥雞
這…可能是因為我們的培根捲比較大，而且蔥比較多吧…我想…
台灣最後一家 鹽酥雞
我公司那裏也有一家鹽酥雞，他們的培根捲只要25塊錢耶！
台灣最後一家 鹽酥雞
你就不能算我便宜一點嗎？
不然…老闆您可以回去那家買？

標準奧客

台灣最後一家 鹽酥雞
那還要再坐公車回去公司？很遠耶！我又不是神經病…而且我現在很餓耶！
台灣最後一家 鹽酥雞
對不起…老闆…這個可能…
算了算了，根本不會做生意嘛！
啊…老闆…
慢走不送~

請先付款

廠商款

在某次的專案結束後準備收費時，客人很認真地說，因為他還沒有收到客人的款項，所以無法先付費給我……

嗯？如果你說你現在沒有錢，所以專案必須延後，這樣也許還說得過去。但是當你要求我準時結案，所有成品都已經拿到手了，再跟我說「你沒錢不能付費，要等到你有錢再給」，這是不是有點不太對勁？

請先付款
好…這樣就沒有問題了…
看看要吃些什麼喔~
台灣最後一家
鹽酥雞
老闆我還要鹽酥雞兩份、魷魚一份，然後雞排一份不要切要辣。

台灣最後一家 鹽酥雞
請先付款
好的~不好意思先跟您收個錢，這樣總共是兩百七十塊~
台灣最後一家 鹽酥雞
我都還沒有拿到東西你就要我付錢喔，那有這麼好的事情啊…
喔…對不起…我先炸給您…
台灣最後一家 鹽酥雞
請先付款
您的鹽酥雞好囉~總共是兩百七十塊~

台灣最後一家 鹽酥雞
請先付款
那個…老闆您還沒有付錢耶…
我還沒有拿到薪水，等月底拿到後就會付給你…
蛤？
蛤…但是老闆你已經拿到鹽酥雞了耶…
就說薪水沒有拿到，是怎麼付錢給你啊！
月結90天的路過～
同上，月結180的站出來

鹽酥雞
那…那就不要買鹽酥雞啊？
但是我就想吃啊！

一家
鹽酥雞
回報，現行犯已經逮捕
好險賣鹽酥雞可以報警…

請先付款
有人要順便點鹽酥雞嗎？
我！
加一！
我！
這袋也送你們~

嗚嗚好羨慕鹽酥雞可以報警，設計不行

過勞死前輩

「你問我為什麼不加班？當然是因為下班時間到了就該下班啦，這又不是我家開的公司。而且跟你說，在這種血汗公司待久了，你就知道夜路走多了可是會碰到『過勞死』的前輩啊！記得，你可以有各種理由，不、加、班！」

在公司被老闆標記在黑名單裡的N同事說

跟他們一樣

其實一切的一切，都是因為貪小便宜的心態，想要以更少的代價付出，得到相同的成果。

這個現象在接案時很常遇到，比如說像是拿著其它人完成的作品，要求你做到一模一樣。但是他能給的費用，卻只有十分之一不到，你是不是也有熟悉的感覺呢？

台灣最後一家 鹽酥雞
豬血糕
你人太好了啦！
隔壁豬血糕攤的大哥…
對不起…我會加油的…
台灣最後一家 鹽酥雞
豬血糕
請先付款
老闆請問豬血糕一支多少？
35塊一支

台灣最後一家
鹽酥雞
豬血糕
老闆請問豬血糕怎麼賣？
25塊喔~
請先付款
我要一份豬血糕
這樣就好了嗎？
台灣最後一家
鹽酥雞
這樣就好了
但是老闆，請你幫我做的像隔壁攤的一樣
咦？

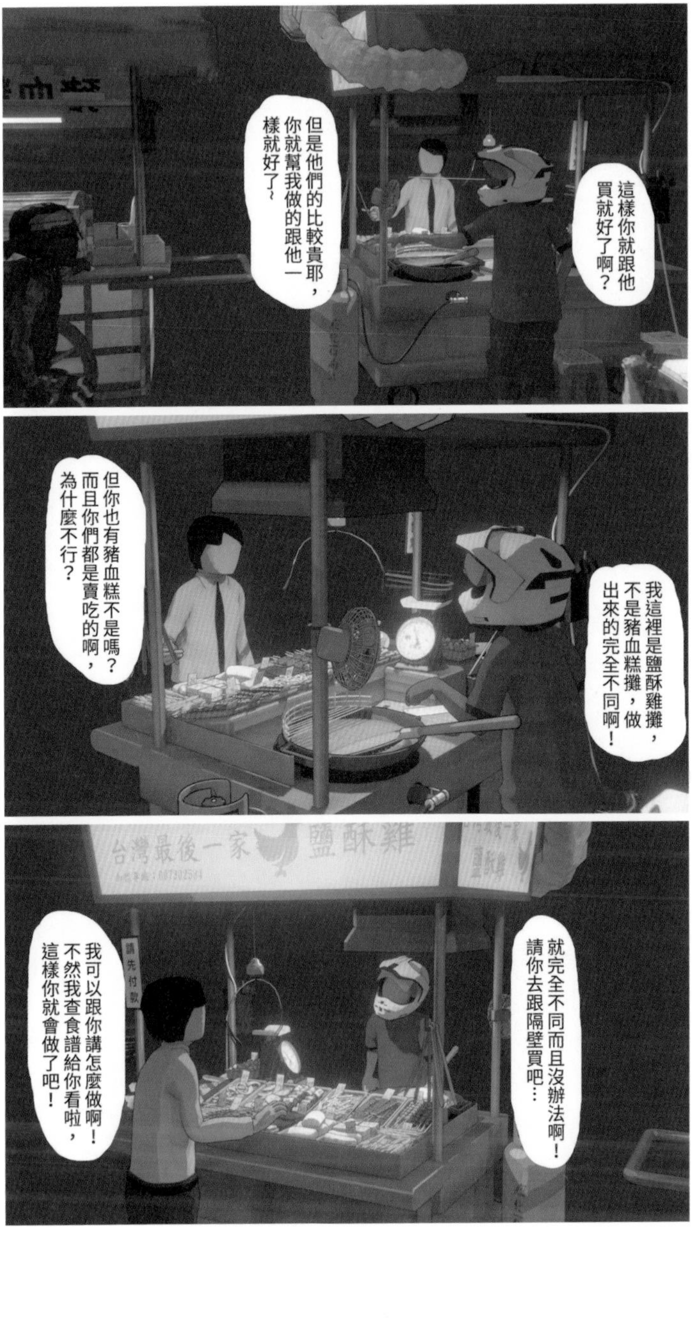
這樣你就跟他買就好了啊？
但是他們的比較貴耶，你就幫我做的跟他一樣就好了~
我這裡是鹽酥雞攤，不是豬血糕攤，做出來的完全不同啊！
但你也有豬血糕不是嗎？而且你們都是賣吃的啊，為什麼不行？
台灣最後一家 鹽酥雞
請先付款
就完全不同而且沒辦法啊！請你去跟隔壁買吧…
我可以跟你講怎麼做啊！不然我查食譜給你看啦，這樣你就會做了吧！

台灣最後一家 鹽酥雞
鹽酥雞
就算這樣我還是無法做啊…
我覺得是你不是不能做，而是不想要做吧，有生意給你做就要盡力啊…
噗！
豬血糕
你幫我顧一下，我來處理
喔…好…好的…
豬血糕的材料GET！

夢想成真

「一直以為只是茶餘飯後，用來諷刺低薪社會的笑話，沒想到今天在發放薪水的時候，沒有看到薪水袋，取而代之的是一箱箱推進辦公室裡的香蕉！而且你知道什麼更恐怖嗎？就是一個人只有一根！我想接下來不久後，香蕉應該會變成另一種正式的貨幣吧」

恍然大悟原來自己是猴子的K同事說

隨便炸

他們之所以想要「隨便做」，只是因為對你的服務，不想要多花錢而且也不願意多花錢！

所以現在我們社會上到處充滿著各種「隨便做」的事物。

但是請千萬不要這樣跟我說！我每一次的服務，都一定會把接到的專案做到最完美，沒有什麼隨便的啦！

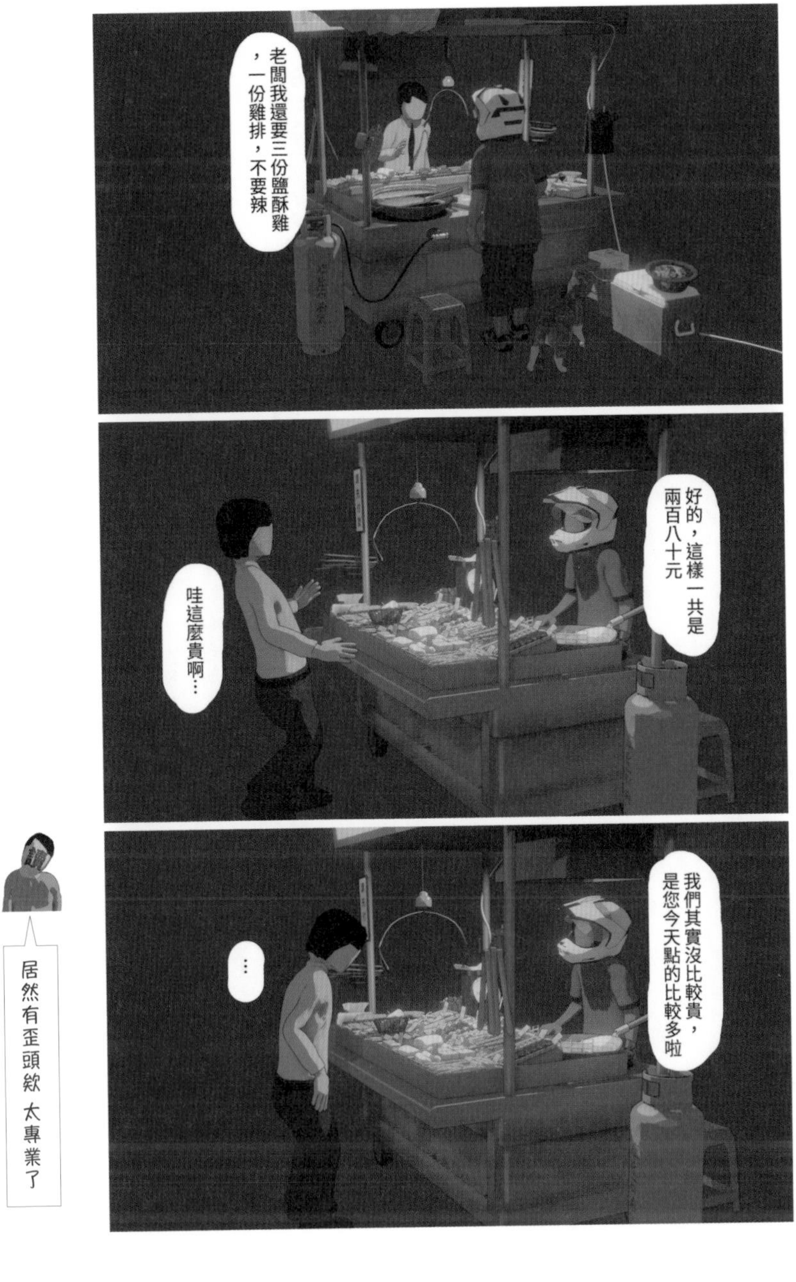
老闆我還要三份鹽酥雞，一份雞排，不要辣
好的，這樣一共是兩百八十元
哇這麼貴啊⋯
我們其實沒比較貴，是您今天點的比較多啦
⋯
居然有歪頭欸 太專業了

我這裡都有標價，不然你看看那些不要，再夾回去？
但是我沒有這麼多預算耶⋯
請先付款
⋯
⋯
最怕空氣突然安靜
請先付款
不然這樣啦老闆，你就隨便炸一炸，算我便宜一點吧
隨便炸一炸⋯不太懂您的意思啊⋯

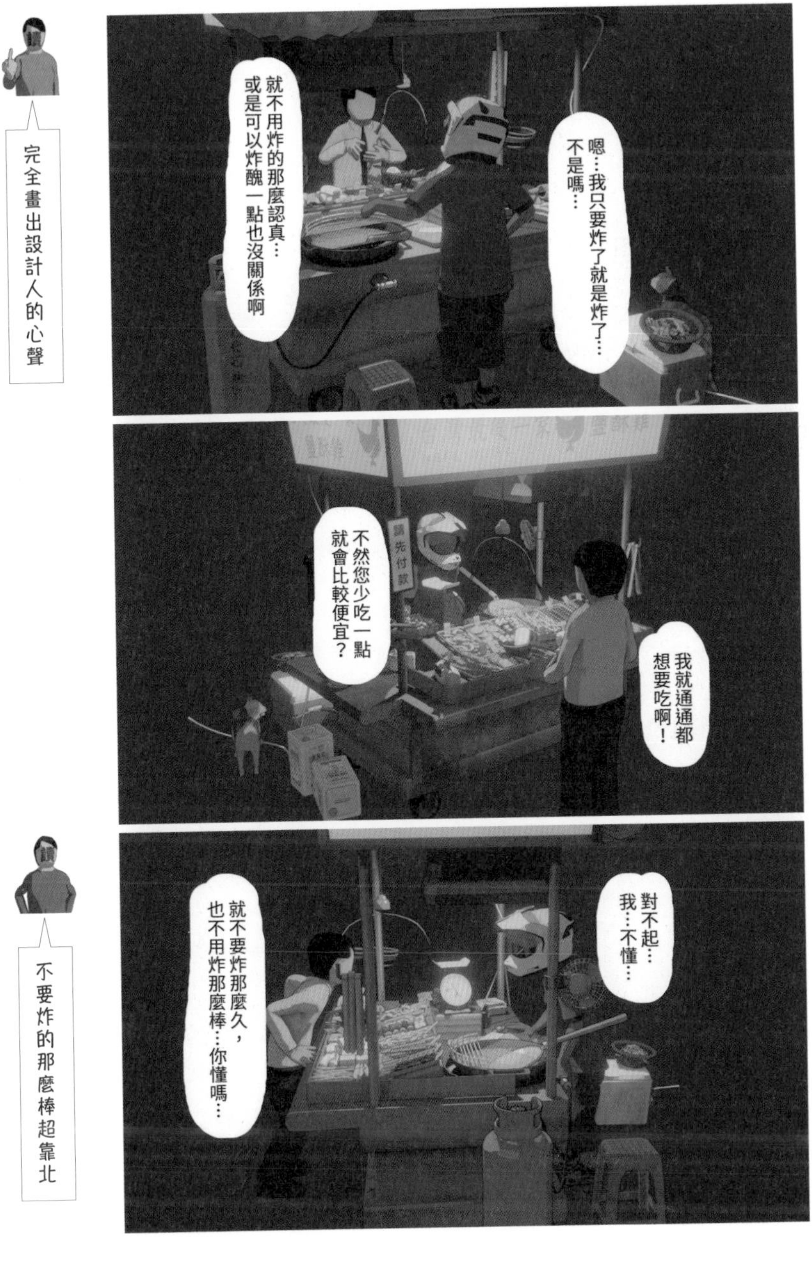
完全畫出設計人的心聲
嗯…我只要炸了就是炸了…不是嗎…
就不用炸的那麼認真…或是可以炸醜一點也沒關係啊
我就通通都想要吃啊！
請先付款
不然您少吃一點就會比較便宜？
不要炸的那麼棒超靠北
對不起…我…不懂…
就不要炸那麼久，也不用炸那麼棒…你懂嗎…

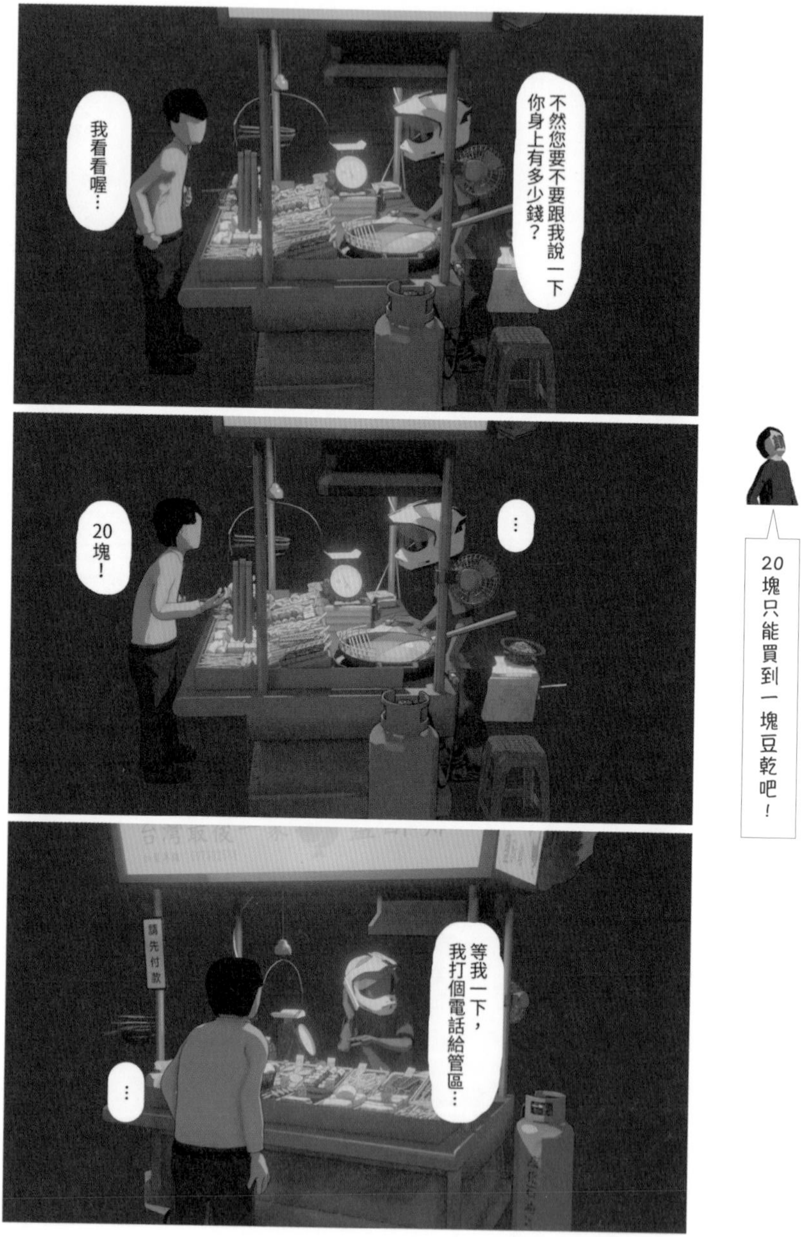

不然您要不要跟我說一下
你身上有多少錢？
我看看喔…
20塊！
…
20塊只能買到一塊豆乾吧！
等我一下，
我打個電話給管區…
…

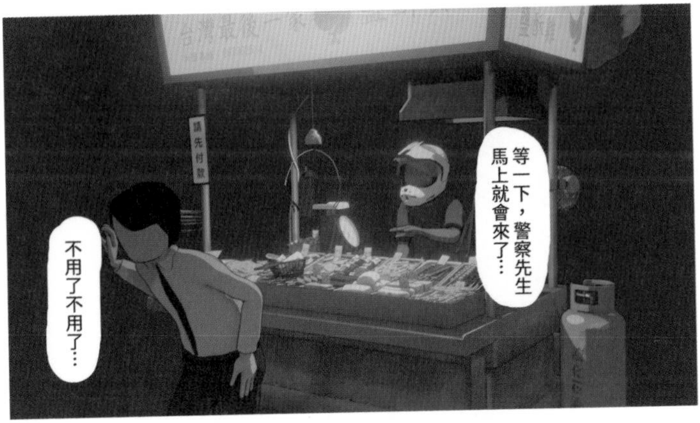

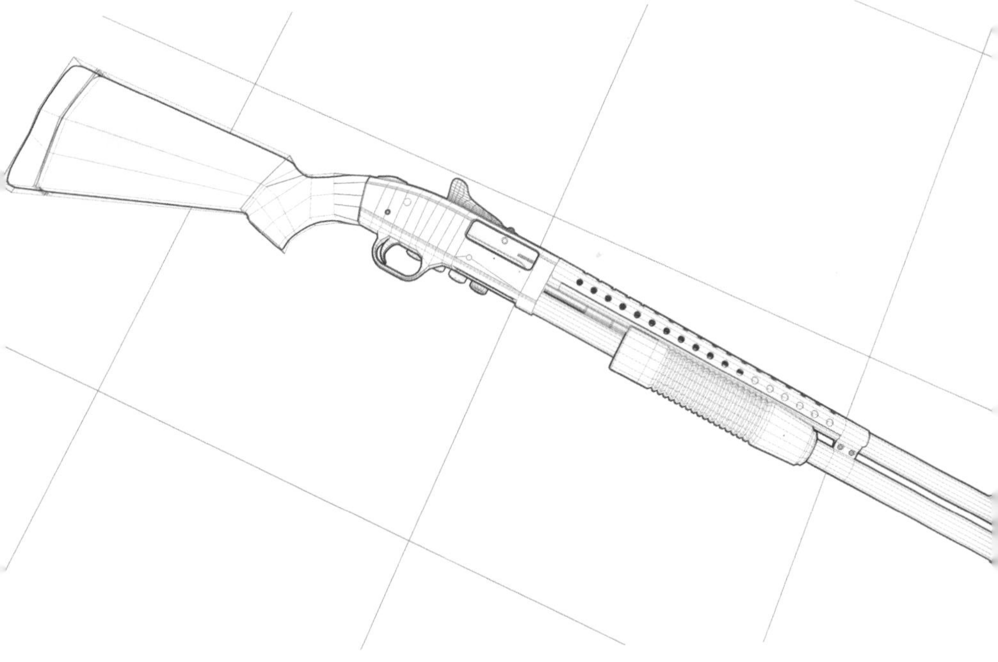

Mossberg 500 Loading…

代刷代付

我一直搞不懂，怎麼會有任何員工願意接受幫公司先代墊付費呢？

換另一個角度來想想，無論是資金、社會地位都比你高的公司老闆，是否會願意因為你家裡需要某些家具，就先預支薪水給你？如果你的老闆肯，那先代墊以利工作進行，沒有問題；如果不會，你怎麼能夠認同公司要求你代刷代付的這種行為呢？做人應該講究互相啊～

喂，公司接下來要使用這個網站的服務，你去刷個卡，記得打統編
什麼！要5萬塊！？
長官…我沒有…那麼多錢…
自己想辦法啊

有個軟體我們接下來會用到，去買一下，記得打統編
長官…這個月我快過不下去了，可以請您來付嗎？
這一點小錢你也計較？
小錢？你怎麼不自己先出？

不然請公司買…
公司對你不薄，你這樣跟公司計較？！
…
哦~是糖葫蘆耶~

…
…
跟他拿錢
記得要打統編啊
買糖葫蘆打什麼統編啦
長官…我身上沒有錢了…
怎麼可能連這點小錢都沒有啦，你這個人真的小氣耶
…

不要啦 超靠杯
紅茶冰
……
幹嘛？叫你跟他拿啊！
不要啦 超靠杯 1001cc
台灣最後一家 鹽酥雞
在吵什麼啊？
請先付款
有人吃霸王糖葫蘆…
霸王糖葫蘆聽起來很巨大

先生，吃東西要付錢才對啊
就說我部下會付啊
對不起…警察先生…我真的沒錢付了…

管你那麼多
…

不要啦超靠杯
紅茶冰
1001cc
你這樣是吃霸王餐啊！
跟我回警局一趟

不要啦超靠杯
1001cc
連這點小錢都要計較喔！
逃跑

不要啦超靠杯
1001cc
幫忙抓住他！
現行犯！

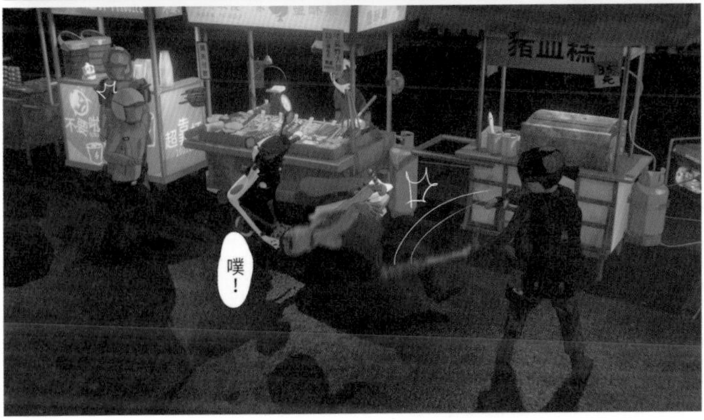
噗！

累了一整個禮拜就等這一棒

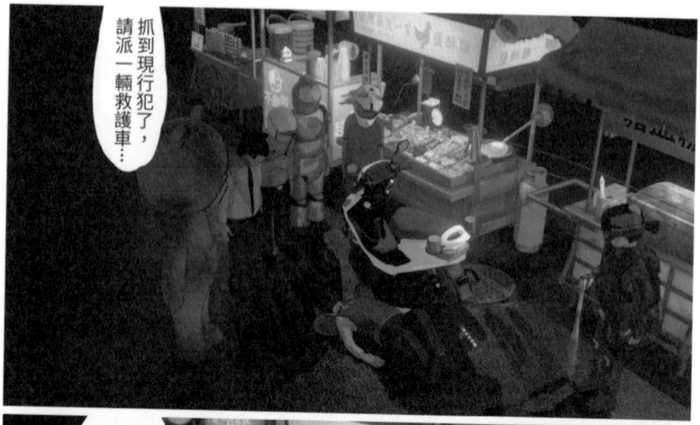
抓到現行犯了，
請派一輛救護車…

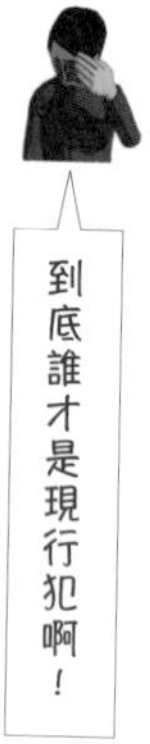
到底誰才是現行犯啊！

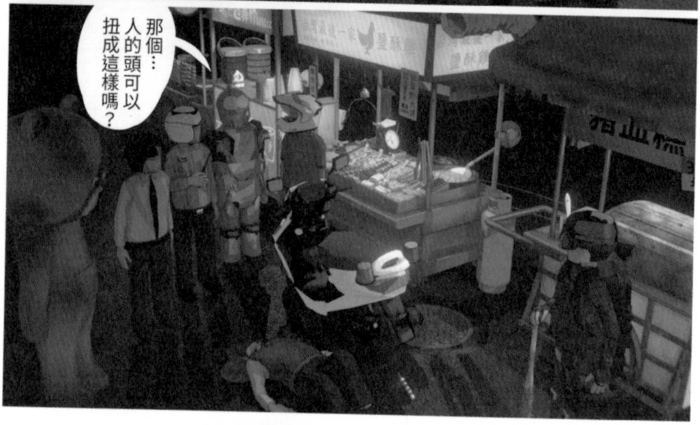
那個…
人的頭可以
扭成這樣嗎？

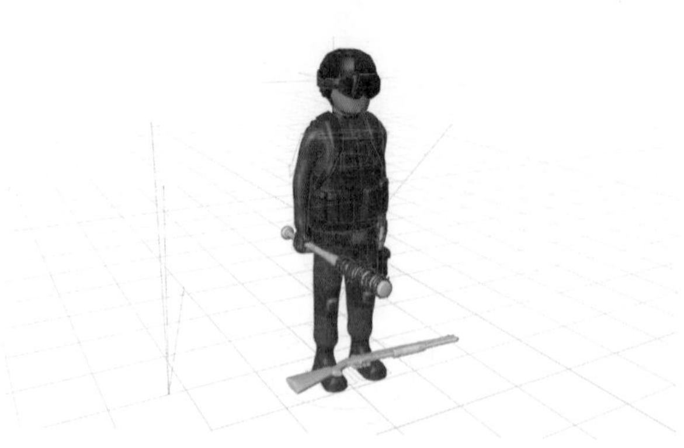

「豬血糕老闆」角色著裝整備完畢

國民幸福指數

「現在的社會裡，既得利益者不斷剝削他人，不斷自我膨脹，然後拿出國民幸福指數來大做文章，藉此逃避該付出的社會責任。同時將年輕人塑造成脆弱不堪的草莓族形象。我只能說，如果把你們這些傢伙放現在年輕人的位置上，你可能一天都撐不下去！」

已經當很久人肉椅子的Y同事說

改

想要修改當然沒問題，但是可不可以請先搞清楚自己想要的是什麼。而不是認為想改就改，為了改而改，最後再跑來對設計說東西改成這樣，根本就不是你想要的？

每一次的修改都有成本，不要以為你自己的時間是時間，我的時間就一文不值啊！

良心事業用好油，都沒有油煙
請先付款
來看看要吃些什麼喔~
好的，這樣一共135元
老闆，我還要一份雞排…
怎…怎麼了
嗯…

嗯…我覺得把魚板換成米血好了
好…這樣要加5塊，總共是一百四十元

嗯等等，算了…我還是改回魚板好了…

喔…好…炸下去就不能改了喔
我當然知道~錢給你

別相信任何人啊！

台灣最後一家 鹽酥雞
豬血
…
…
油炸
請先付款
啊老闆，我覺得我還是不要魚板了…換成米血…
什麼?!
我都炸了耶
唉呦…改一下很快啦…
看吧！就知道又要改又要改！

台灣最後一家 鹽酥雞
這樣我要再收25塊喔
什麼？改一下而已為什麼要多收錢？
因為你這個炸下去的魚板也是要錢啊⋯
請先付款
這點小錢你也要計較！我沒有要吃就不用付錢啊！
⋯
豬血糕

嗚嗚！用鹽酥雞比喻設計工作，才發現原來真的那麼不合理

鹽酥雞
算…算了
這樣才對嘛~生意就是要這樣做啊！
那你要加辣嗎？
要！大辣，不辣不過癮啊！
來，你的鹽酥雞好了喔

吃
太辣了…我要改回不辣的！
？
終於凍未條了？

你…你要幹嘛？
改…改…改…
我們懷念他
改你媽啦！
噗！
啊…糟糕…

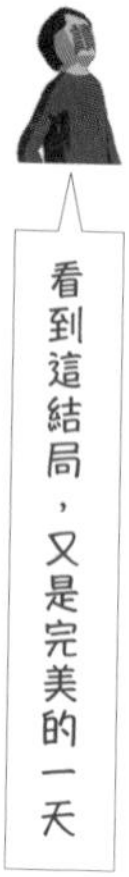

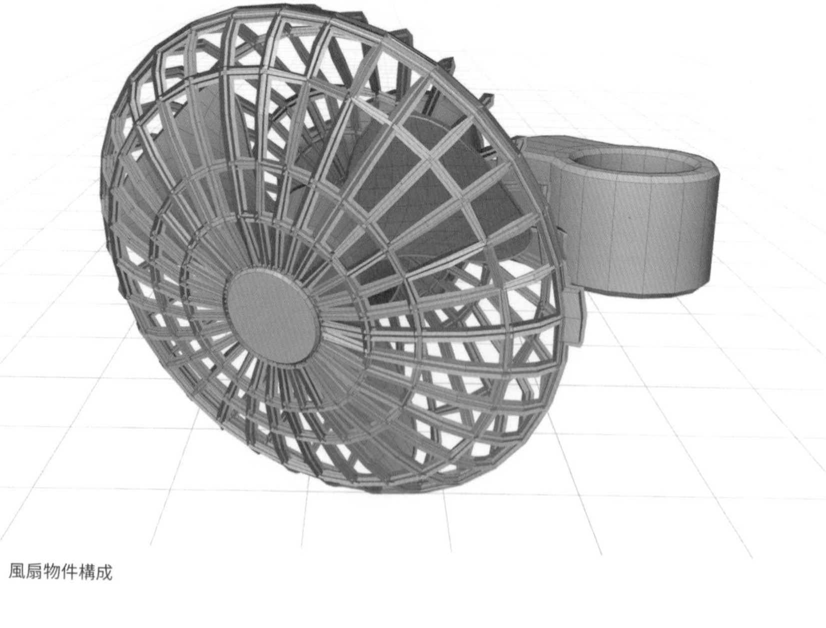

風扇物件構成

人才培育

「我真的搞不懂，為什麼公司都喜歡用這種落井下石的方式來對待員工，再光冕堂皇說，其實我們是用這種方式來進行人才培育？難道他們認為在這種環境下能夠生存下來的人都是強者？我們光是逃命都來不及了，怎麼可能有辦法幫公司創造價值呢？」

腰傷才剛好，馬上又被砸斷腳的O同事說

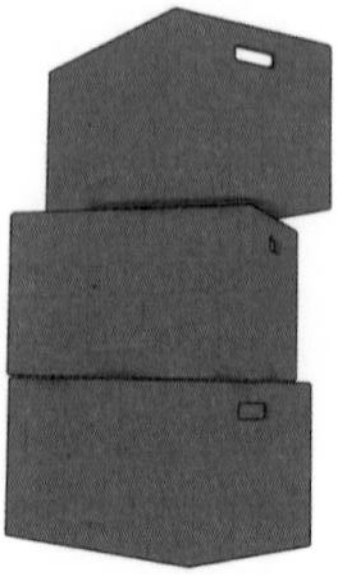

借花獻佛

常常看到很多完全沒有專業技能，但卻能穩坐專業管理職位的主管，能夠這樣還一直不會出事，大置上不外乎是公司老闆的親戚朋友，不然就是很會耍小聰明，收割其它人功勞的傢伙。

然後這些人就這樣踩著別人的屍體一步一步的往上爬。邊爬還邊嫌棄這些被他所踩過的屍體們⋯

我記得之前你在會議上說，你對於程式很拿手，
我姪子剛好有個畢業專題跟資訊工程有關，你就幫我好好處理一下吧～
我、我有說過嗎？對齁，我說過我很拿手沒錯…
那個誰，去幫我排個工程師的面試…
是…
終於要補新工程師了？
感謝天公伯啊！

(面試當天)
嗯…你的經驗看起來很不錯(看不懂)
你可以簡單自我介紹一下嗎？
我的開發經驗從JAVA到$&@^*$&6
所以我覺得可以為貴公司帶來…
zzZ
(睡著)

您還好嗎？
喔喔喔，很好很好…
接下來我們有個小測驗，請你今天剩下的時間內，把你前面這份專案完成
這個是？
就是我們的專業測驗，看看你是不是符合我們的實際需求這樣而已
免錢的勞工來囉！
喔…好、好的…
那就麻煩你啦～

(5個小時後)
哦比我想像中還要快呢~
你表現的很不錯嘛~
也就是說?
不過你的能力感覺太好了一點，其實我們公司目前沒有這樣子的預算，真的很抱歉…
你可以回去了~
但是我都還沒談到薪…薪水…

報告老闆～您姪子的專題已經做好了～
手腳這麼快！把工程師交給你來帶果然沒錯！
我覺得這個專案很簡單！你們這個月就要把它給我上線啊～
不是要補工程師了嗎……
天公伯啊！
又是平凡的一天

客製化

常喝手搖飲料的人，應該會覺得這種客製化的服務很普通，但是如果站在企業的角度來看，這是因為自己的產品沒有競爭力，所以只好配合客人的喜好來做調整，怎麼想都不是件好事情呢！

這樣子下去很可能會變成，為了達成客人的需求，而要求員工十八般武藝樣樣都要精通⋯咦？好像已經有許多企業是這個樣子了齁⋯

老闆，我要一杯不要啦招牌紅茶
好，請問甜度冰塊需要調整嗎？
我想想

我要七分之二的糖，然後冰塊加10克就好⋯
不要用機器搖，我要手搖99下，搖好後用60度溫水隔水加熱15秒⋯
好的～請稍待

真的假的！這樣也行？

不要啦超靠杯 紅茶冰 1001cc
灣最後一家 鹽酥雞
台灣最後
請先付款
流暢
迅速
您的飲料好囉～
好厲害……
好淡定！

台灣最後一家 鹽酥雞
加盟專線：097302584
超靠杯 1001cc
鹽酥雞 LINE貼圖
15分鐘吃完 獎金2000元
啊，來了來了
那個、老闆，我要買一份雞排
除了雞排還要些什麼嗎？
請先付款
這樣就好，不過我的雞排油溫請加熱到剛好一百八十度後再炸，然後請炸5分25秒，起鍋前10秒油溫要加熱到兩百一十度⋯⋯

小深藍加油XD

超靠杯1001cc
台灣最後一家 鹽酥雞
加盟專線：097302584
鹽酥雞 LINE貼圖
請先付款
起鍋後放冷30秒後，
以向下30度角並距離
雞排10公分處灑胡椒
10下……
然後不要辣～
只有這句聽得懂
……
……

超靠杯1001cc
台灣最後一家
鹽酥雞
加盟專線：097302584
鹽酥雞 LINE貼圖
對…對不起…我可能無法做您這筆生意…
請先付款
為什麼不行？你看看人家賣飲料的都可以，你為什麼不行？
這…
你這樣到底會不會做生意啊…

台灣最後一家 鹽酥雞
請先付款
算了算了…
不要啦超靠杯 紅茶冰 1001cc
台灣最後一家 鹽酥雞
現在的消費者都是這樣嗎？
不要啦超靠杯 紅茶冰 1001cc
台灣最後一家 鹽酥雞
請先付款
對不起…
老闆太厲害會寵壞消費者啦！

退化

「曾幾何時，原本努力付出可以得到的牛肉、豬肉，被換成了香蕉，並且從原本的一串，慢慢變成只有一根。到了最後，甚至覺得我們用看的就會飽，更加可悲跟恐怖的事情是，大家依然為了這根看的到卻吃不到的香蕉，而拚了老命。」

以為自己就快要拿到香蕉的U同事說

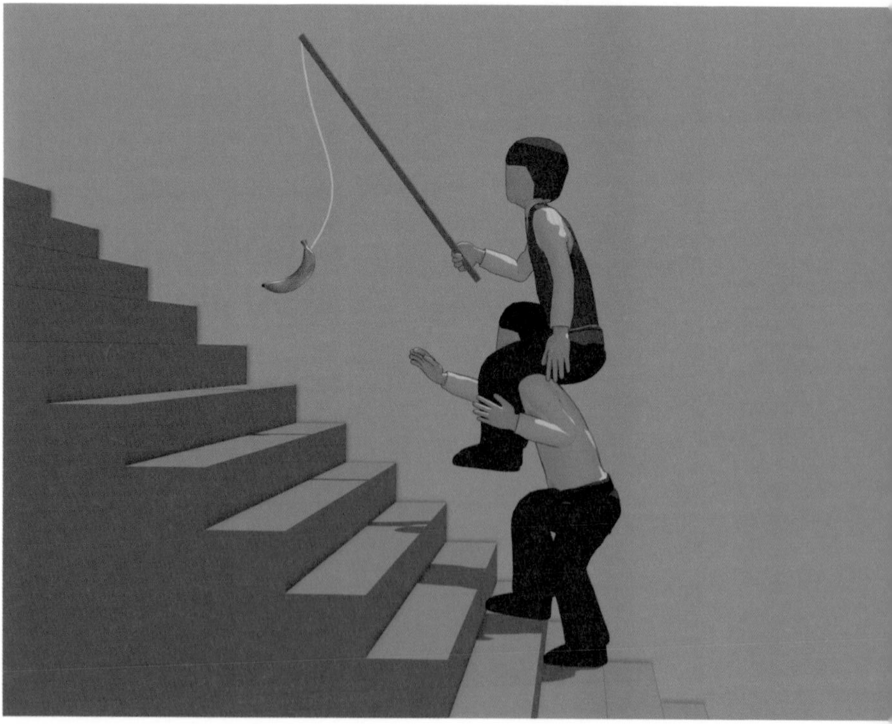

裝忙

「跟你說，裝忙的方式有千百種，其中可以讓你看起來最忙的一招，我想應該就是影印偽裝了吧？把一百份的報表分開來一次一次印，會讓你看起來真是超忙的！還有，影印的時候千望別忘了邊印邊嘆氣，這樣可以讓同事們更加疼惜你喔」

看起來就是很有經驗的F同事說

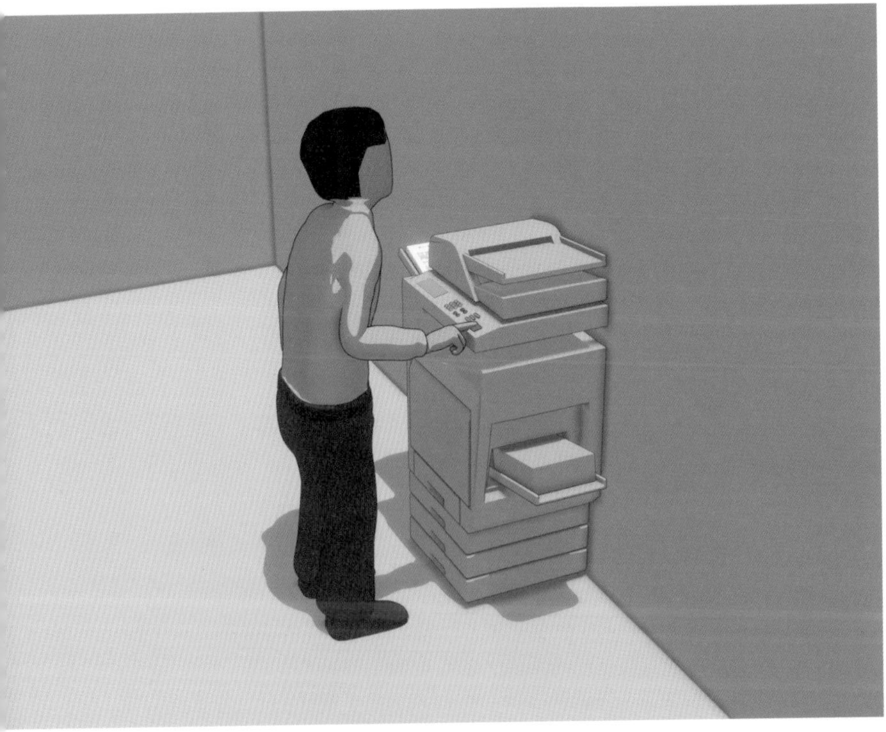

職場幹話
…
好想下班……

職場經典幹話：共體時艱

「不知道從什麼時候開始？老闆們總喜歡用這句聽起來好像有點厲害的話，來欺騙我們這些善良的員工們。請問，當我們生活過不下去的時候，老闆有沒有想過跟我們一起共體時艱呢？沒有嘛～會說這句話，就是想要卡我們油凹員工錢的時候啦！」

激動到噴口水
的O同事說

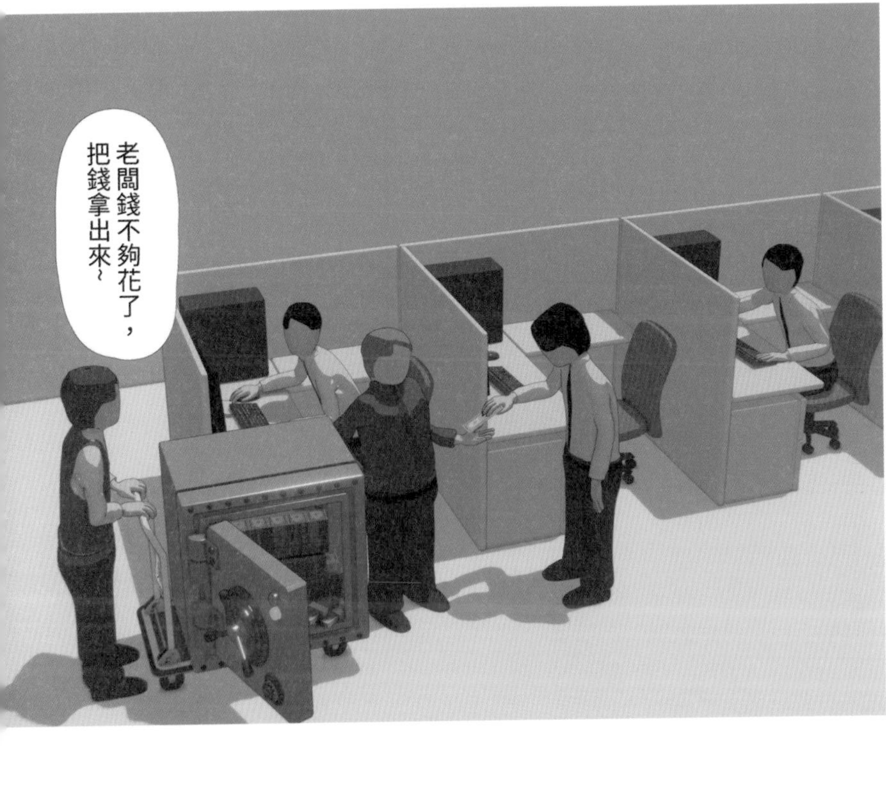
老闆錢不夠花了，把錢拿出來～

我懂我懂

接案有時候會碰到跟你雞同鴨講的客人，不知道是因為對方搞不清楚狀況，還是自己程度真的不夠？總是必須花一堆時間在溝通上。而且通常對方都會一直處在「我懂、我懂」的狀態，接著丟給你一堆答非所問的回答。這種狀態簡直讓人無法繼續專注在案件上，萌生想早點草草結案的念頭……

來喔~看看想吃些什麼喔~
嗯…
地上隱隱有紅色的光澤
我要一份法式藍帶雞排

超靠杯1001cc
台灣最後一家 鹽酥雞
請先付款
蛤？老闆…我這裡是鹽酥雞攤，
沒有那種東西耶
我懂我懂…
我有帶參考資料來喔…
欸？
台灣最後一
鹽酥雞
你看~有照片就能夠做了吧~
你懂？你知道你要變成法式藍帶豬血糕了嗎？

那個…有照片也做不出來啊…
1001cc
我懂我懂…
那我用手機查一下
老闆…問題不是這個…
我懂我懂…

台灣最後一家 鹽酥雞
材料好像就是…
雞排、胡椒、鹽巴…
之類的…
至少還要起司跟火腿吧(小聲)
你看這裡不就有雞排嗎？
那個…料理的方式跟
材料真的不一樣啊…
好吧…我懂…

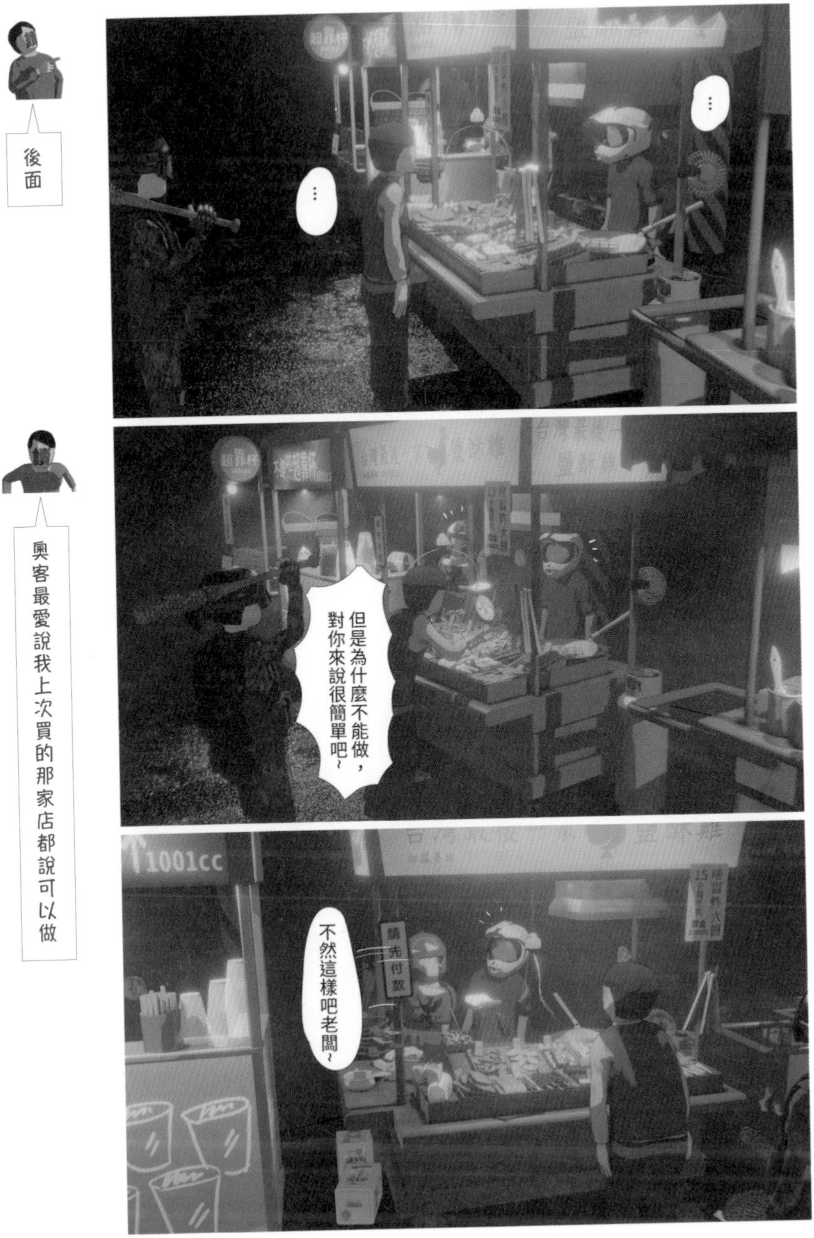
後面
…
…
奧客最愛說我上次買的那家店都說可以做
但是為什麼不能做，
對你來說很簡單吧~
1001cc
請先付款
不然這樣吧老闆~

這位小哥可以幫你做“普羅旺斯嫩春雞佐地中海初榨橄欖油米蘭蘿勒葉”
要不要改成這道料理呢？
超靠杯 1001cc
台灣最後一家 鹽酥雞
嗯，好吧…
那就改成這個吧…
不要啦
謝…謝謝光臨…

金砂紅寶燉飯佐香芹沒得補貨了

那就是鹽酥雞啊幹XD

職場經典幹話：老闆很肯給

「想當年，我也是這樣傻傻的，一聽到老闆很肯給，就拼了命為公司做事。一拼就拼了三年，把自己的身體健康都給賠了下去，本來以為公司會看到我的付出，給我相對的回報。結果呢？給我加薪500塊？連看一次醫生的錢都不夠啊！」

一邊吊著點滴一邊流淚的R同事說

老闆很肯給的！先做好這五人份的工作，做的好，三年後可以幫你加薪五百塊！

順便一下

我們每一次的服務，都是經年累月累積下來的專業！不管事情看起來多小、多簡單，當我們開始為客戶服務的時候，每一次付出都是專業，沒有什麼順便一下！可怕的是，今天如果你是接案的自由工作者，遇到這種情況或許還可以拒絕。但當這種事情發生在公司內部的時候，被拗的員工可是哪裡都逃不掉。

三杯又在攻擊招財貓

要啦超靠杯 1001cc
紅茶冰
不要啦
紅茶冰
請先付款
老闆~我要一份魚板，不要辣
好的這樣一共20塊
老闆啊你可以順便幫我炸一下這個嗎？
蛤？那是什麼？
晚上我家要吃的里肌肉！
…

請先付款
可是…這個
不太方便啦
怎麼會不方便~
你不是賣炸的嗎？
就順便一起炸一
炸就好啦~
我東西放這裡啊
三杯又要把那個東
西推下去了嗎？？
鹽酥雞
豬血糕
唉那個誰，你可以順便
幫我蒸一下這個嗎？
…
那個誰，超肚爛這種叫人方式

豬血糕
滾！
唉呦，幹嘛這麼小氣啊~
不然我自己…
台灣最後一家
鹽酥雞
嗚！

豬血糕老闆表示：補貨阿

你在幹嘛啊！
生命是很神聖的啊！
HP↑
HP↑
HP↑
聖騎士技能出現了！
沒事了吧

殺人啦！
嗚！
住手啊你！
不要在敵人開大的時候放復活技啊！！

你們強成這樣到底為什麼要來擺攤？
HP↑ HP↑ HP↑ HP↑
……
……
台灣最後一家 鹽酥雞
豬血糕
HP↑ HP↑ HP↑
台灣最後一家 鹽酥雞
豬血糕
嗚！

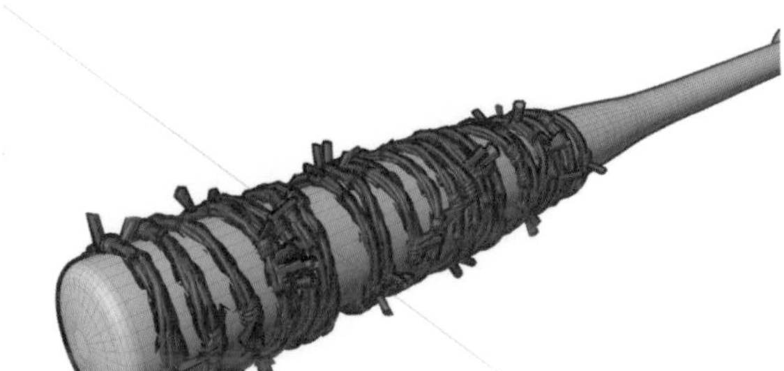

狼牙棒準備完畢

職場經典幹話：能者多勞

「什麼？你問我為什麼上班都在摸魚？傻孩子，看看那邊那個人，他就是做事又快又好，結果呢？他得到什麼？所有的工作通通加倍給他！當然薪水完全沒變，這樣還有誰想要認真做事啊，不如就跟我們訂下午茶一起鬼混吧～」

最近吃下午茶吃到發福的 B 同事說

你做的比較快比較好，當然交給你啦～
薪水當然不會變啊，別那麼愛計較～

職場經典幹話：我不管

「我知道當你聽到這句話的時候，會生氣到不行。但老闆不是真的不管喔，他會等到你所有事情都已經做完了之後，開始因為一點小小的地方來找麻煩，說你當初怎麼沒有好好跟他討論。他才沒有不管，他可是什麼都想管呢」

一副幸災樂禍的表情的U同事說

老闆的意思是，他懶得去想也想不到什麼，你們就拼命做到他所有方面都滿意為止就好，很簡單吧~

趕時間

不知道為什麼，我們社會中有很多人對於時間的概念，總是讓人摸不著頭緒。常常和客戶討論完案件時程後，對方就會三不五時突然跳出來，跟你說「他現在就要！為什麼要那麼久？」不然就是想要拿掉一些和時程完全不相關的需求，只為了要求你加速完成。

這個時候我就會開始懷疑，當初自己到底有沒有跟他們討論過？

三杯跟豬血糕攤老闆都在看
台灣最後一家 鹽酥雞
1001cc
豬血糕
老闆，我要一份雞排，快點！
我等等兩分鐘後公車就來了！
咦？
請先付款
豬血糕老闆的眼神飄過來了喔
台灣最後一家 鹽酥雞
1001cc
不好意思，那個雞排可能要五分鐘左右喔
為什麼要這麼久！
那我雞排不要剪，可以快點嗎？
對不起…不行…

……
還是說下次你想要吃的時候，可以先打電話預約，五分鐘前就可以了
請先付款
蛤？
豬血糕
這樣當然不行…我半個小時前就想好要吃雞排了，你現在跟我說還要五分鐘…
不要啦 超靠杯
鹽酥雞
您這樣我怎麼會知道呢？您如果半個小時間跟我說，我就知道開始做了
但是你現在剩下兩分鐘跑來跟我說，怎麼可能…

不要啦超靠杯1001cc
紅茶冰
台灣最後一家 鹽酥雞
…
好啦，我不加胡椒，這樣可以快點！
你在這邊吵的時間公車都跑了
為什麼不…
不要啦超靠杯1001cc
豬血糕
AT力場？！
小心！
唰！
喀！

你為什麼要保護這種廢物…
不要啦超靠杯
1001cc
台灣最後一家
鹽酥雞
就算是廢物，也是一條生命啊！
不要啦超靠杯
1001cc
台灣最後一家
鹽酥雞
快住手！
不要阻止我！

深藍隊長3：夜市內戰

救命啊啊啊啊!!
嚇!

超靠杯1001cc
還跑!
別跑啊!
殺…殺人啦!

超靠杯1001cc
唰!
噗!

原來超靠杯老闆這招從側面看就變成氣圓斬啊!

超靠杯1001cc
台灣最後
不要啦
啊糟糕…

超靠杯1001cc
台灣最後
不要啦
分開…

不要啦超靠杯1001cc
台灣最後一家 鹽酥雞
豬血糕
不要啦
…
…
啪！
啪！

討厭人家都說不要切了

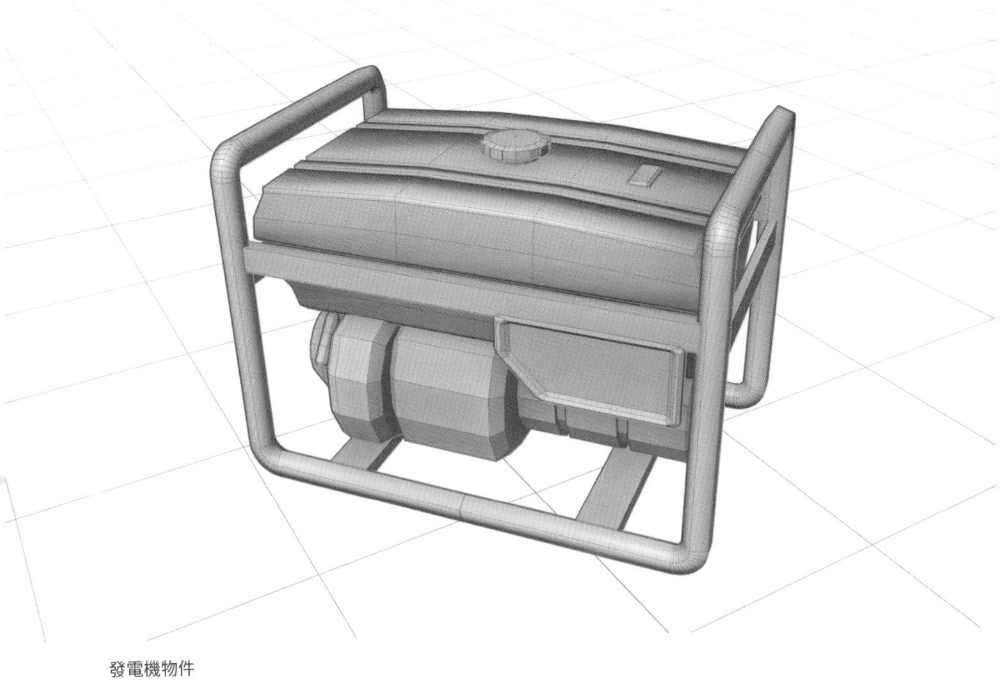

發電機物件

權威

我以前曾經在某個部門會議上，由於太快回答某個主管的問題，而被標上了沒有用心思考的標籤，這讓當時剛出社會的我百思不解；因為隔了兩個星期後，這位主管詢問了其它部門的資深經理相同的問題，得到和我回答的相同答案…

過了很久之後才知道，原來不是因為我回答的太快，而是因為這位主管看不起新人啊～

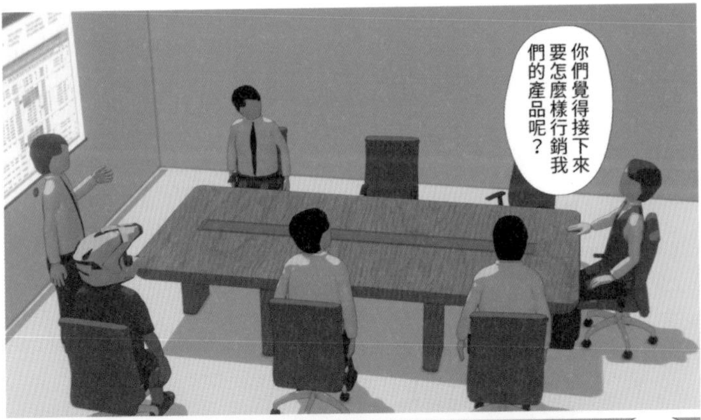
你們覺得接下來要怎麼樣行銷我們的產品呢？

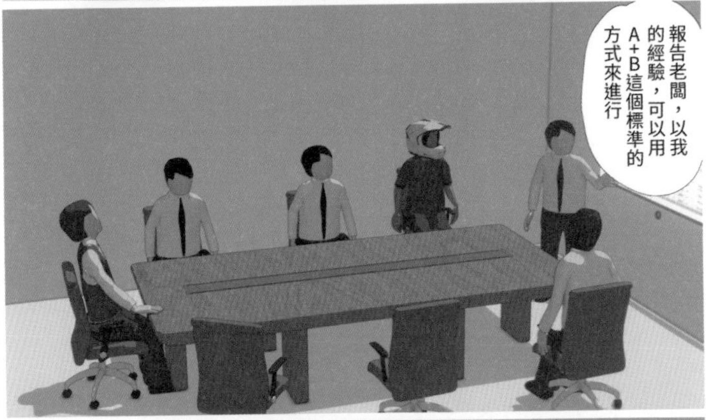
報告老闆，以我的經驗，可以用A+B這個標準的方式來進行

你想都沒想過就跟我講，這絕對不會是什麼好方法啦～

但是…
你不用講了…我去找行銷顧問比較快…
你們這個問題很簡單，就用A+B這個標準的方式來進行即可
行銷顧問
不愧是顧問公司的專業人員！馬上就能夠回答，這就叫做有經驗啊！
…
…

職場經典幹話：年輕人

「不要再說年輕人為什麼都做不久了……先看看自己到底是如何對待年輕人的好嗎…所有的重擔通通落在他的肩膀上，你是以為是在演鬼片嗎…這樣子就算再厲害的人，也是無法撐下去的，而且坐在他肩膀上的那些人，到時候也會一起重重的摔下去喔…」

第一次看到這個景象時嚇了一跳的Y同事說

有點空

客人認為，既然都已經付錢了，那當初談好的設計版面內，就是他買下的空間，在這個有限的空間內，當然要能塞多少資訊，就要盡量塞，好像塞得越多就賺越越多！

這就是現在社會對於設計的計價觀念。至於你說資訊傳達、使用者體驗或是舒適度什麼其他的因素，一點都不重要！

怎麼了嗎？
那個，關於你做的那張海報
我覺得這裡還有這裡還有這裡還有這裡，都還有空間
我覺得這樣子太空了，把活動說明跟所有細項都放進去吧~
這樣很醜…而且會變的很難閱讀…

但是我真的覺得很空啊
你就加吧~
這樣？
超讚的啦！
…

杯1001cc
請先付款
我要一份魚板，不要辣
好的馬上來
請先付款
老闆，魚板只有這樣一點喔？
你看那個鍋子好空喔~
……
你想要多一點？一份20塊
多付點錢就有！
用力！

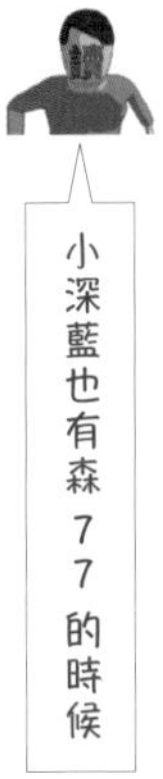
小深藍也有森77的時候

台灣最後一家
鹽酥雞
不錯喝超靠杯
豬血糕
不…不…當我沒說…
什麼東西嘛…再也不來這家了
還敢來你就死定了
你今天很不錯喔~
糟糕…讓我想到上班時發生的事情了…

職場經典幹話：都可以討論

「你怎麼會這麼傻?還敢在會議上舉手發表意見?那傢伙會這樣說，純粹就只是因為怕會議太過無聊，所以才會講都可以討論啦，這句話講到現在都已經變成口頭禪而已。這傢伙完全沒有想要跟你討論什麼啦。」

笑到被口水嗆到的I同事說

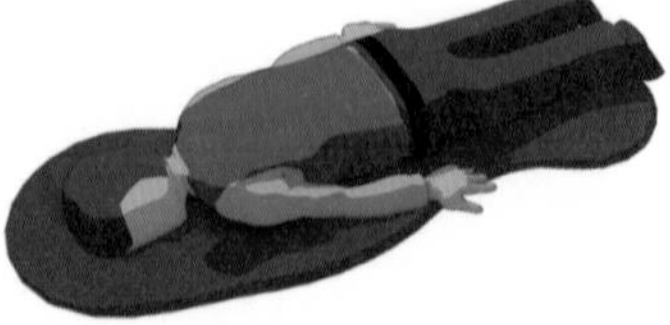

到時候再說

我最討厭到時候再說。會說這句話的人，大部分就是兩種意思，一種是關我屁事，另一種是關你屁事；當你認真的在討論某些以過往經驗判斷後，可能會出現問題的事件時，總是會有機會聽到一起討論的人說出這種話，急著用這句話來結束討論。

但可能發生的問題淺而易見，這個時候就會很好奇，他到底是真的瞭解狀況，或只是完全不想理你？

接下來的這個專案，
就用我說的方式來做就對了
可是長官，這樣做下去的話，
到時候人力會不足啊⋯
沒關係，有問題
到時候再說～
⋯

老闆…專案現在人力完全不足…怎麼辦？
什麼怎麼辦！這個專案不是你負責的嗎？你自己想辦法啊
你這個網站就直接照我的方式來建就好～

但是這樣做下去，
之後就無法再擴充
任何功能了耶

你想太多了，真的有問題，
到時候再說啊～

那個網站，客人
要新增刷卡功能～

報告老闆，這個之前有跟你說過，無法這樣做啊…
你怎麼不多想一下呢？
現在客人的需求怎麼辦！
你這個月不用領薪水了！
唉…

老闆我要一份雞排～
好～馬上來
那個，我的雞排炸兩分鐘就好了喔～不用袋子我要直接吃

超靠杯1001cc
台灣最後一家 鹽酥雞
加盟專線：097302584
請先付款
蛤?炸兩分鐘不會熟啦~
到時候再說啦~
不行啦,吃沒熟的雞排會生病啦!
這個也可以到時候再說XD

死神的視線轉過來了！
靠杯1001cc
台灣最後一家 鹽酥雞
請先付款
我就說到時候再說，不然你想怎樣！
……
鹽酥雞
來，剛好炸兩分鐘的雞排。
很好~
啦超靠杯1001cc
台灣最後一家 鹽酥雞
請先付款
大口咬

啦超靠杯1001cc
台灣最後一家 鹽酥雞
請先付款
這根本沒有熟啊！
你們這家鹽酥雞的
東西根本不能吃啊！
你打算怎麼賠？
噗！

完全不意外！

不要啦超靠杯1001cc
台灣最後一家 鹽酥雞
你…你幹嘛？小…小心我報警抓你
到時候再說囉…
噗！
這下子賠償要用燒的給你了

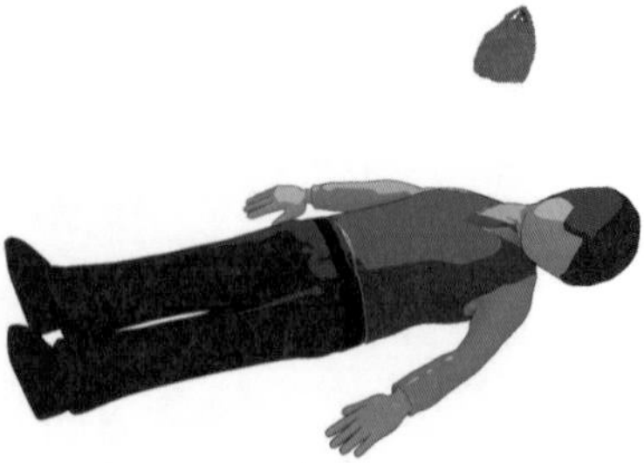

工作內容

現在的老闆，還是有很多人喜歡使用工業革命時代的工廠管理方式，來管理現代員工。員工從一早打卡進入公司後，就必須把自己的一切給記錄下來，什麼時候做了什麼工作、上了幾次廁所、中午打卡吃午餐等等，老闆覺得工作紀錄寫的越詳細，就表示員工越認真。

實際上，員工只是花越來越多的時間在應付工作紀錄這件事情上，而不是在認真工作了。

我發現大家對於工作內容不是掌握的很好…
所以我決定，接下來大家每天都必須在下班前交出當天的工作日誌～
時間每五分鐘為一個單位～
我相信這樣大家就會知道自己每天做了什麼事情了

只有他不知道自己到底在做什麼吧……

工作日誌要把中午用餐的內容也寫進去喔！

上廁所或是抽菸，也要記得寫進工作日誌
我要看看你們浪費了多少時間

就算沒有實際做事，思考的內容也要寫進去啊！
我發現……
怎麼了？
我要花更多時間在工作日誌上寫下：我的工作內容是「寫工作日誌記錄我的工作內容。」
唉……

任性

「自從買了吸水鳥擺飾之後，才發現這種一直點頭喝水的東西真的超療癒，看著看著一天就這樣過了，結果上班的時候突然恍然大悟，原來老闆也有這種玩具，只是⋯有錢人就是任性⋯連玩具都硬是要比一般人貴上幾百倍⋯」

對此羨慕不已的N同事說

專業不能這樣汙辱

「他會這麼問，就代表他早就不在乎我是否能夠提供專業的服務，他只不過是想盡辦法要省錢或是省時間，再讓自己的工作績效數字能更好看罷了。最後出問題了，把問題丟回去給執行者就好了。是個善於算計的傢伙呢～」

慶幸自己沒有傻傻被騙的G同事說

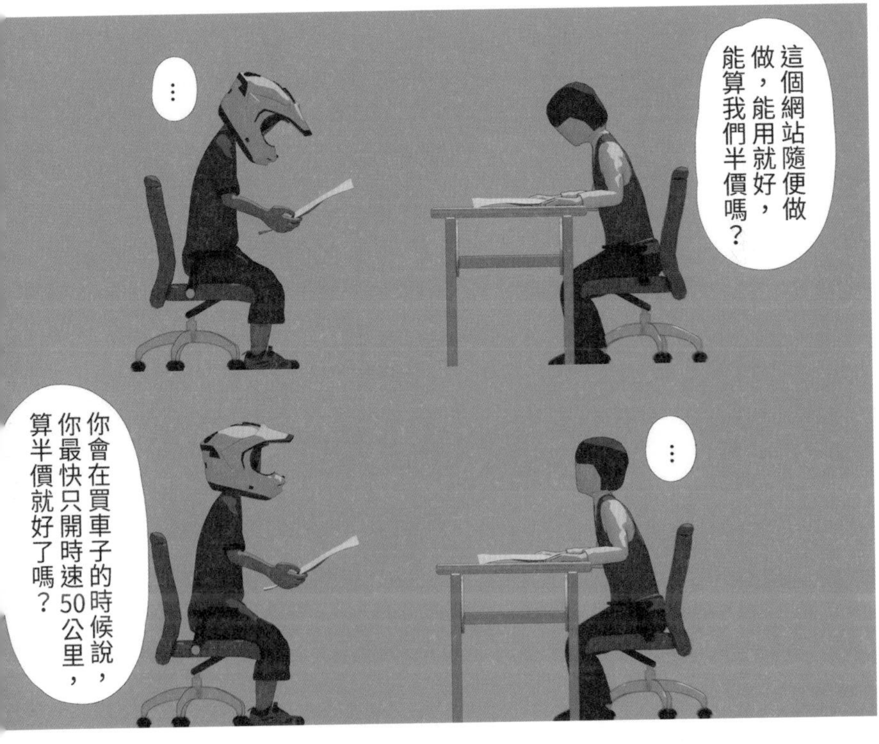

術業有專攻

很多公司的用人標準，從頭到尾都跟專業扯不上關係，反而是以員工的薪資來決定是否採用。

這些公司通常不懂、也不曾尊重過專業，他們只需要能夠做事情的人力，而不是把事情做好的專業人才。也因為如此，無法做出差異化的服務，最後在同業競爭之下慢慢的消失。

所以說，你的專長是平面設計啊？
是的～

好！那你下星期就可以開始來上班啦～
謝謝老闆！

喔…喔…
ㄟ那個誰，這個EXCEL的檔案幫我整理一下

嗯？咦？怎麼會？
你企劃做多久了？怎麼不會用EXCEL？
我是來做設計的，不是企劃…
這！這樣啊…

你的EXCEL做的很糟糕啊…

老、老闆，因為我是來做設計的…

不要找一堆藉口啦，你如果真的想要好好做，就要自己花時間多學，現在的年輕人都這樣嗎？

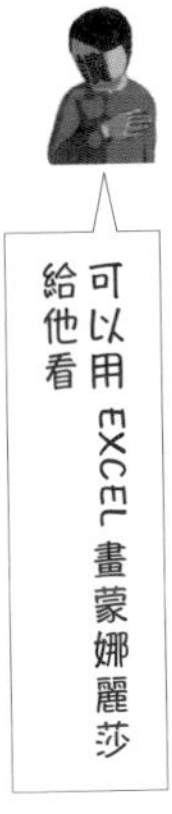
可以用EXCEL畫蒙娜麗莎給他看

可是…
可是什麼？

你們有什麼專長我不管，我只要有人給我做事就對了！
當初不是因為你有什麼專長，而是因為你便宜，所以才用你！

…

喔喔！歡迎主管來夜市進行示範！

鹽酥雞
豬血糕
35元
Blue Toy Machine
老闆，我要來份蒸肉包～
豬血糕
35元
我這裡只有賣豬血糕喔
豬血糕
35元
Blue Toy Machine
啊你不就有個蒸籠，不賣蒸肉包你是要賣什麼！

豬血糕
35元
Blue Toy Machine!
我跟你說，我今天願意來這裡消費，是你的福氣
豬血糕
35元
Blue Toy Machine!
你今天一副愛做不做的樣子
豬血糕
35元
Blue Toy Machine!
跟你說，你沒那麼厲害啦！

低頭找棒棒

豬血糕
35元
那個大哥、您脾氣就先不要那麼大啦，今天人家忘了準備肉包，您就大人不計小人過嘛～

豬血糕
35元
你別碰我啊！賣飲料的憑什麼教訓我，我可是…
…

看來還是請專業的來好了…
蛤？

放棄治療了

台灣最後一家 鹽酥雞
豬血糕
你們拿掃把跟水桶是要幹嘛？
噗！
35元
當然是要來清掃地板啊⋯⋯

大家都建立一套SOP了XD

裝忙 2

「遠遠就可以聽到，他那急躁的腳步聲，配合不斷的嘆氣以及手上滿滿的文件，在辦公室四周不斷來回奔走。那些不了解事情真相的人，總會以為他是個拼命工作的好員工，但是事實上他就只是一直這樣走來走去，製造噪音罷了……」

被這傢伙製造的噪音搞到快要瘋掉的M同事說

慣老闆

思考的高度

「不要再跟我講這種讓人摸不著頭緒的話了，我明明就是一名基層員工，你跟我說要用老闆的高度來思考？那我說現在直接幫我加薪好不好，我是用老闆的高度在思考喲！所以～我只能跟你說關我屁事？等到公司是我的那個時候，我自然會用老闆的角度思考。現在？我只想要準時下班！」

思考要如何系統化並有效完成工作的Y同事說

大餅

老闆最喜歡畫出大餅給員工了，總是喜歡把這個大餅畫得又大又漂亮。而且當他端出來的時候，不管你喜不喜歡，你都必須想辦法將它吞下。吃得下去是你運氣好，殊不知很多時候，這個大餅你還沒有吃下去，就已經先被噎死了。

豬血糕
地獄炸大餅
15分鐘吃完
獎金2000元
我決定要做些吸引人潮的活動!

台灣最後一家 鹽酥雞
超靠杯1001cc
大胃王比賽嗎…
沒錯!

喔~你看,這感覺很有趣耶!
長官您說的是~

角落有貓!!!

老闆，這個地獄大餅要多少錢？
大餅兩百塊，15分鐘內吃完就會有兩千元的獎金！
鹽酥雞
只要時間內吃完就有獎金嗎？
是的！但是只能一位吃喔
請問那個…大餅長什麼樣子呢
我拿給你看看喔…

台灣最後一家 鹽酥雞
請先付款
15分鐘吃完 獎金2000元
這樣！
…
…
這不是大餅是象棋吧
欸，你去參加
蛤…但是長官…我已經吃很飽了耶，而且那個餅…一個人絕對不可能吃完啊…
豬血糕
這個很容易啦，你那麼愛吃，對你來說小事一件啦~
如果你贏了，我給你四百塊！
…
獎金兩千他領。只會分你四百

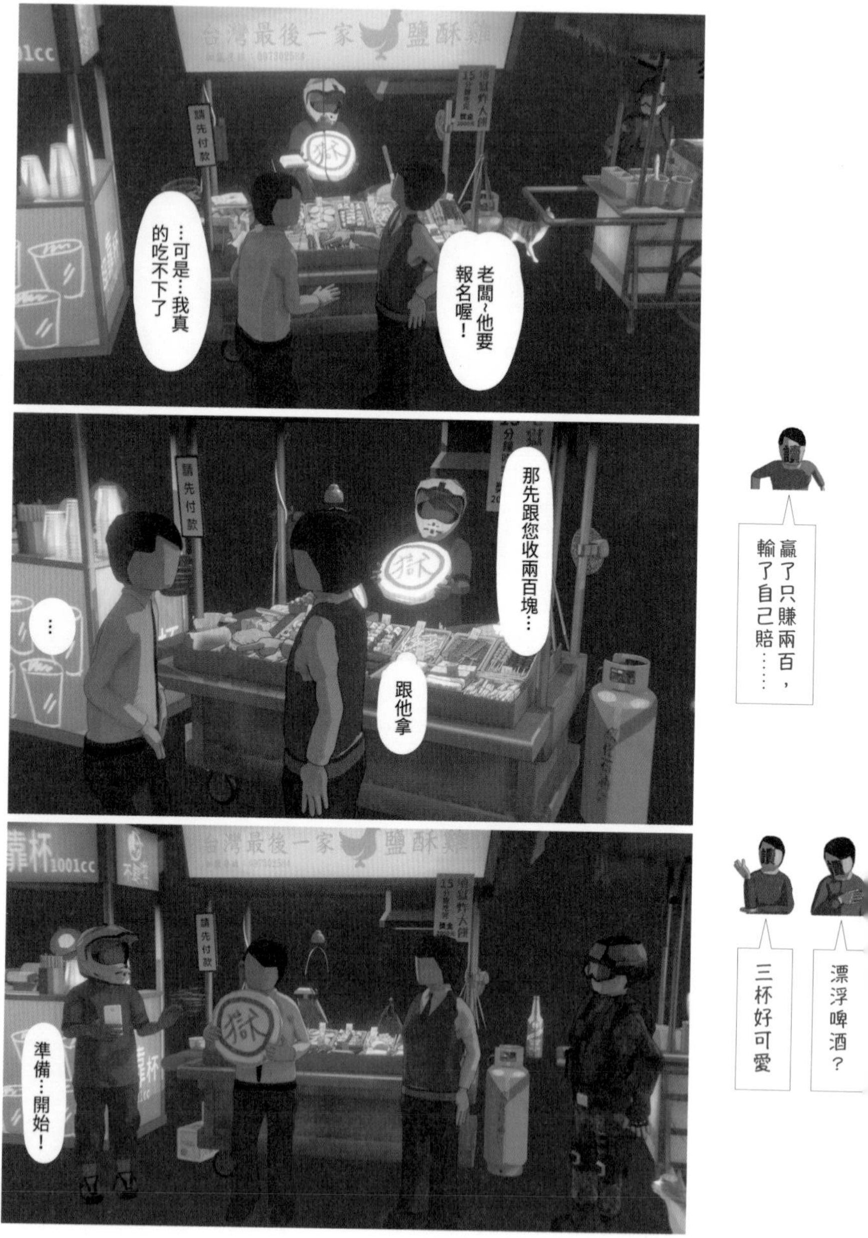
台灣最後一家 鹽酥雞
請先付款
獄
老闆~他要報名喔！
…可是…我真的吃不下了
那先跟您收兩百塊…
跟他拿
…
贏了只賺兩百，輸了自己賠……
準備…開始！
漂浮啤酒？
三杯好可愛

來人啊！餵公子吃餅
(10分鐘後)
…
…
請先付款
…
…
…
…

台灣最後一家 鹽酥雞
請先付款
他看起來臉色不太對勁…
不要啦超靠杯1001cc
(口吐白沫)
以為劇情會是：
我還有點餓XD
他…他自己要吃的，
不關我的事喔！
快叫管區…
不…救護車！
應該拿到餅就往主管嘴裡塞！

熱情

「公司每次都很喜歡用各式各樣的方法，凹我多做事。但是我來這裡上班，就只是為了賺錢啊！要我多做事，就應該要多付我薪水才對！為什麼只要談到薪水，就說我沒熱情呢？這到底是怎麼回事？熱情是能讓我吃飽逆！」

已經很多天為了省錢只吃一餐的B同事說

年輕人不要動不動就談錢，想當年我…#@$%…我感覺不到你的熱情啊！

說謊成性

超級討厭這種說謊成性的傢伙，這種人每次為了讓你願意幫忙，總喜歡把事情說成好像很簡單但其實呢？根本不然。久而久之你會發現他說的話，沒有一句能夠相信。

如果你真的傻到開始幫他忙，所有事情就會瞬間現出原形，開始超越「幫忙」的層級⋯⋯

ㄟ，你幫我做一個簡單的小報告
可是，我現在很忙耶…
就一個很簡單很簡單的報告，不會花你很多時間，我已經把資料準備好了，只有一點點資料，馬上就可以做完了
簡單？啊是不會自己做喔？
好…好吧

一點點資料
那就麻煩你了
有個素材要小改一下，幫個忙吧
但是…我要下班了…
很快啦，就一兩個小地方改一下，一下就好了啦…

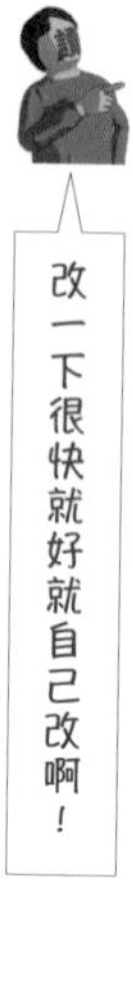
改一下很快就好就自己改啊！

喔…
素材的這裡、這裡、這裡、這裡、這裡、這裡、這裡、這裡還有這裡，通通都需要修改~
…
台灣最後一家 鹽酥雞
請先付款
001cc
週末下班就是要吃鹽酥雞啊！
終於把他帶來夜市啦XDD

台灣最後一家鹽酥雞
請先付款
唉…忘了帶錢
ㄟ你先借我錢啦
可…可是我身上只剩下晚餐錢跟交通費…
唉呦，我只需要一點點，借一下啦~
喔…喔…

豬血糕預備

鹽酥雞老闆人好好

台灣最後一家鹽酥雞
豬血糕
老闆~我要這個、這個、這個、這個、這個、這個、還有這個，通通兩份~
…那個…我身上真的沒有那麼多錢啦…
靠杯1001cc
我覺得你這樣不行啦，連這一點小錢都沒有，是要怎麼做大事？
可是我…
先生，您不要這樣對同事啦…
你賣你的鹽酥雞就好，我教訓我的下屬關你什麼事！

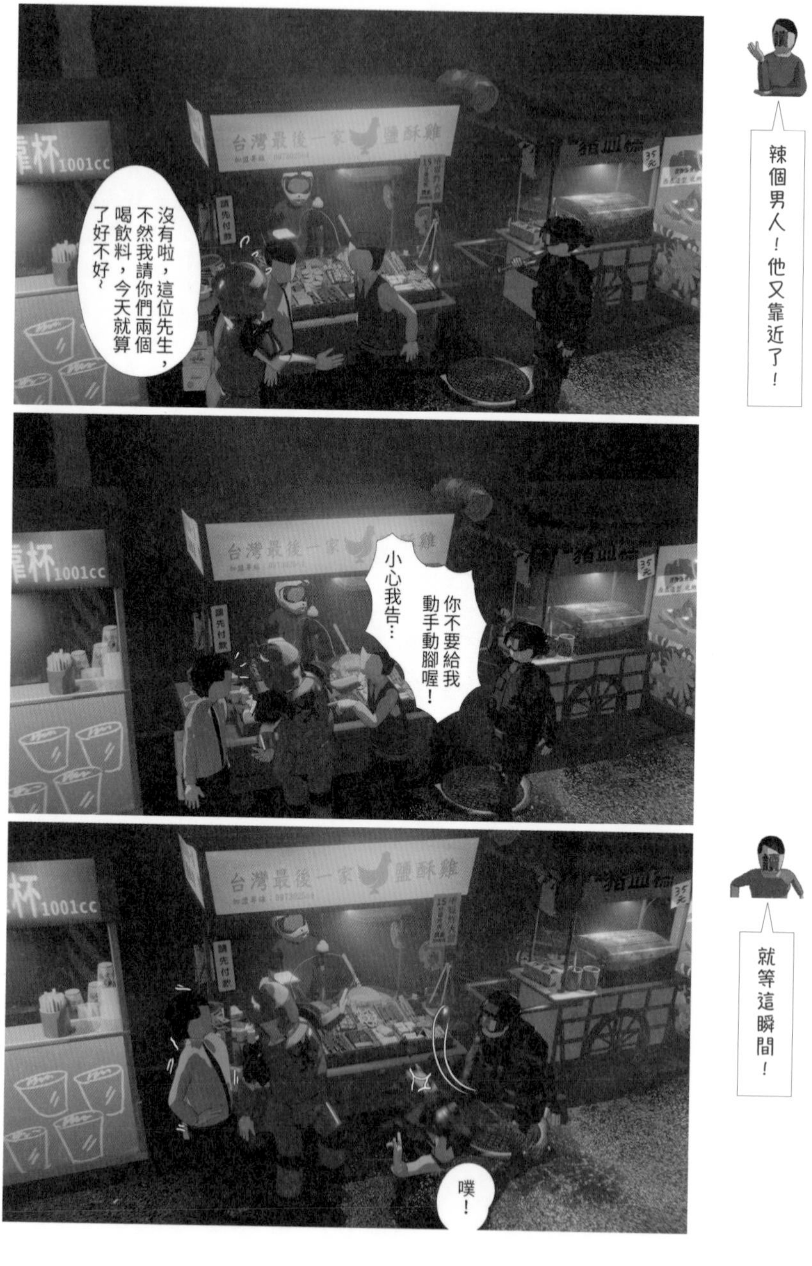
沒有啦，這位先生，不然我請你們兩個喝飲料，今天就算了好不好~
辣個男人！他又靠近了！
你不要給我動手動腳喔！
小心我告…
噗！
就等這瞬間！
台灣最後一家
鹽酥雞
請先付款
1001cc

不要啦超靠杯 1001cc
台灣最後一家 鹽酥雞
我…我什麼都沒看到…
幫我顧一下，我來處理…
唉…
他們兩個在說什麼啊？
不管什麼…都感覺不是好事…

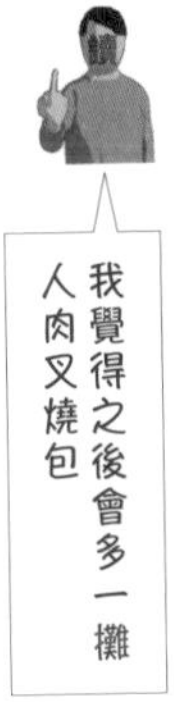
我覺得之後會多一攤人肉叉燒包

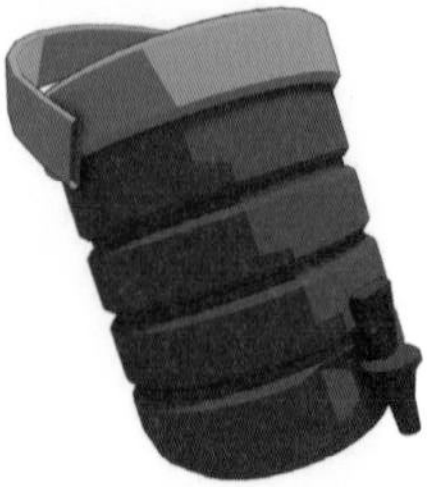

顏色

現今社會，對於設計美感的定義，有種越來越奇怪的感覺。會造成這種現象，很可能是因為大部分企業，總是喜歡以非設計相關主管來管理設計專業人才導致。

這些主管，非常喜歡把自己對於設計的想像，強加在各種專案之中，並且用各種極度不專業的方式，來指使設計的進行，最後通常結果就是……

超靠杯1001cc
請先付款
您好，看看要吃些什麼啊~
嗯…
…
你這個豬血糕…這個黑色應該要亮一點，亮一點的黑，這樣客人才會想要吃啊…
喔…抱…抱歉…

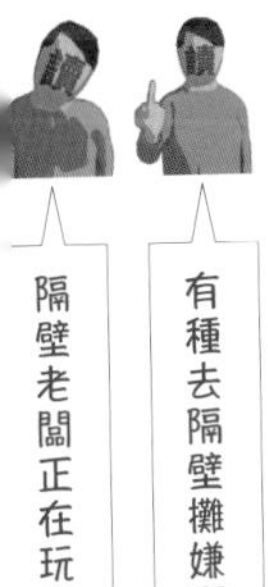
有種去隔壁攤嫌啊
隔壁老闆正在玩貓

這個鹽酥雞的金色會不會太黃…看起來就不金黃酥脆了
請先付款
對…對不起…
算了…看起來就不是很好吃…
謝…謝謝光臨…
紅茶啊…

要啦超靠杯
紅茶冰
1001cc
不要啦
要喝些什麼嗎~
嗯……
蛤？
紅茶的顏色…不夠跳啊…
要多跳？
要跳一點的紅，感覺才解渴啊~
您到底在說什麼啊…

不要啦
紅茶冰
算了算了…
你們這些色盲…
熊小小の古早味糖葫蘆
哦~是糖葫蘆啊…
超靠杯
不要啦
…
我說你這個糖葫蘆啊…

賣糖葫蘆應該叫蘆小小吧XD

熊小小の古早味糖葫蘆
不要啦
紅茶冰
…
…
不要啦超靠
不要啦
紅茶冰
…
原來是金鋼狼羅根啊
不要啦超靠杯 1001cc
不要啦
看起來很好吃…
很好吃…

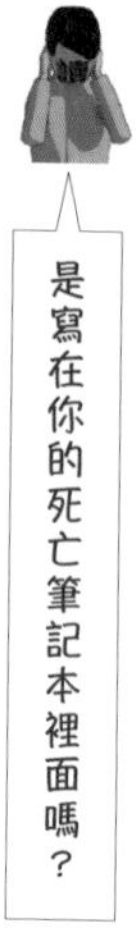

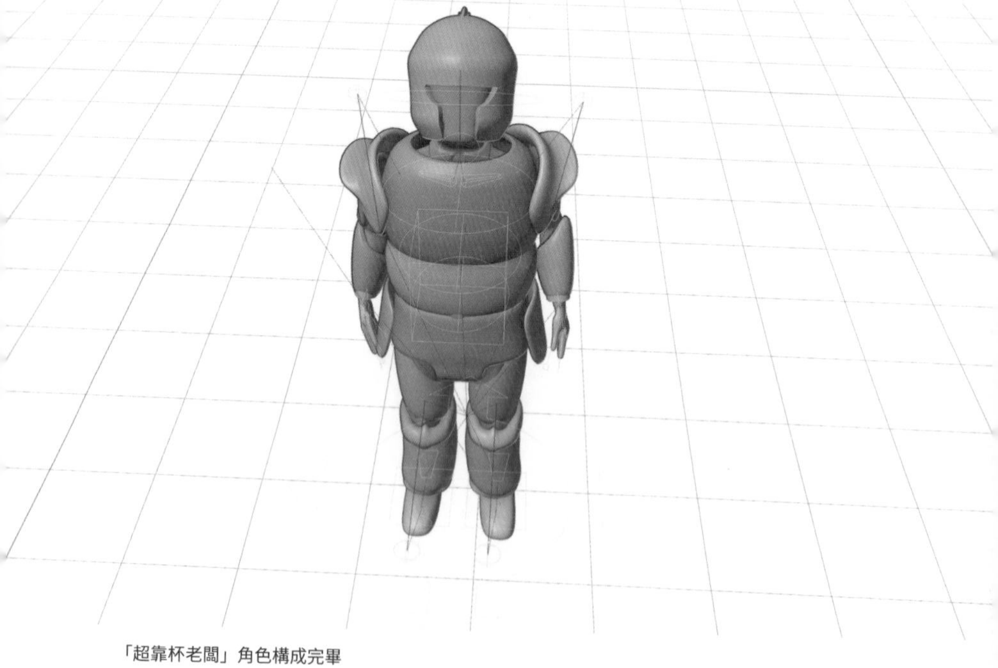

「超靠杯老闆」角色構成完畢

雞犬不寧

「明明就有更重要的事情該做，但是只要這傢伙一空閒下來，就開始想東想西，要全部的人一起陪他當小丑，搞得大家雞犬不寧。有時候我已經搞不懂，我們到底是來公司上班，還是來當小丑？」

因為公司的團康活動造成案件遲交而被扣薪的O同事說

上上下下左左右右

有種人特別厲害，十八般武藝樣樣精通。通常不管他們遇到哪種專業，第一句話就是「他有做過」，不然就是他的誰誰誰有做過。這種人最擅長站在專業人士背後，指揮對方該怎麼做。但是當你請他實際動手做給你看的時候，他又會相當有技巧地找出各種理由來推拖。

台灣最後一家
鹽酥雞
老闆，我要一份鹽酥雞、一份米血還有兩份魚板，不要辣

台灣最後一家
鹽酥雞
台灣最後一家
鹽酥雞
好~這樣一百一十五元，先生您收個錢
請先付款
豬血糕

台灣最後一家
鹽酥雞
豬血糕
先收個…錢…
我等等過來拿

Blue Toy Machine!
夾娃娃機啊~
話說我以前玩這個可是很厲害的呢~
我覺得要再前面一點啦

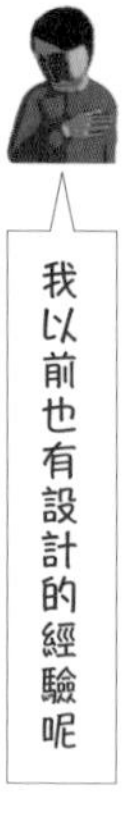
我以前也有設計的經驗呢

35元
從這裡看要右邊一點
西瓜造型 收納袋
Blue Toy Machine!
獨眼娃娃
太多了，再左邊一點
選物販賣機
再回去一些些…

Blue Toy Machine!
等等，再右邊一點點
從這裡看要再前面一些啦
猪血糕
35元
…
…
運物販賣機
獨眼娃娃

西瓜比洞大啊…

這麼簡單你怎麼都不會畫呢？

原來沒裝備武器也很強

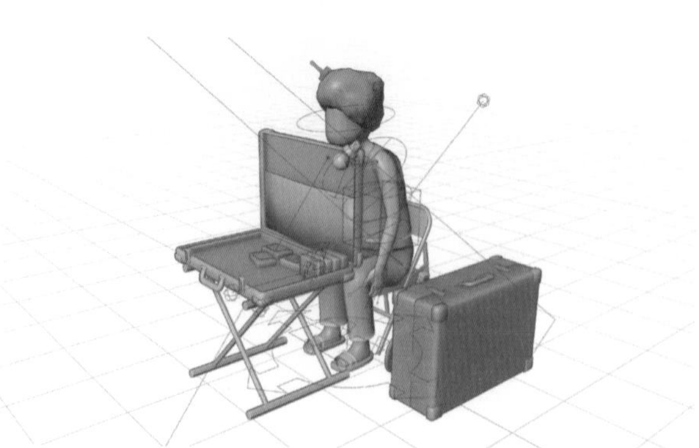

「叫賣老闆」角色繪製中

必備技能

「來來來，你是今天剛到的新同事嗎？我跟你說，進這家公司之後，就算你經驗老到、能力再厲害，都別忘了要先學習這件最最重要的事情！那就是『推卸責任』，看看你的前輩是如何華麗的推卸吧！」

一副好像很厲害的O同事說

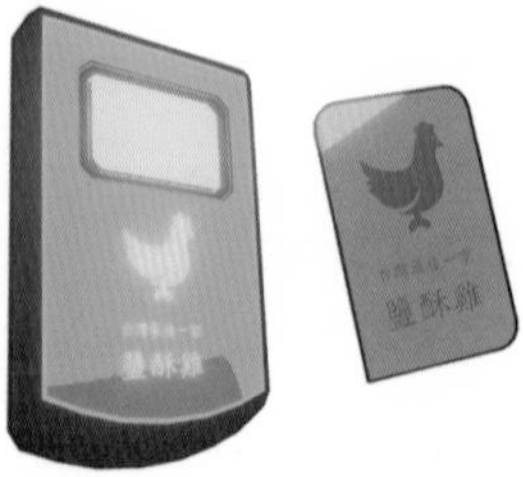

詐欺

出了社會之後才發現，「誠信」這種東西，在大人的世界裡並不是到處都存在。

特別是在公司裡面，上級對下屬所說的話，如果沒有留下白紙黑字證明的時候，最好不要花太多心力在上頭，以免滿腔熱血付出所有心力，到時候卻什麼都沒有得到……

嗯…我看你能力不錯，
不然這樣啦
如果你這兩季的績效加倍，
然後幫部門再分攤50%的業務量
我就把你升上去，
再給你好好加薪，
你覺得如何
真的嗎！謝謝老闆！
真心不騙！別讓我失望啊~

(接下來的每一天)
我一定可以的！
努力一定會有收穫！
(兩季後)
老闆！我做到了！
這樣啊，很不錯~

…
…
但…老闆你說的
升遷還有加薪…
加薪？
你幫公司做事都是為了錢嗎？
難道為公司付出要這樣斤斤計較？

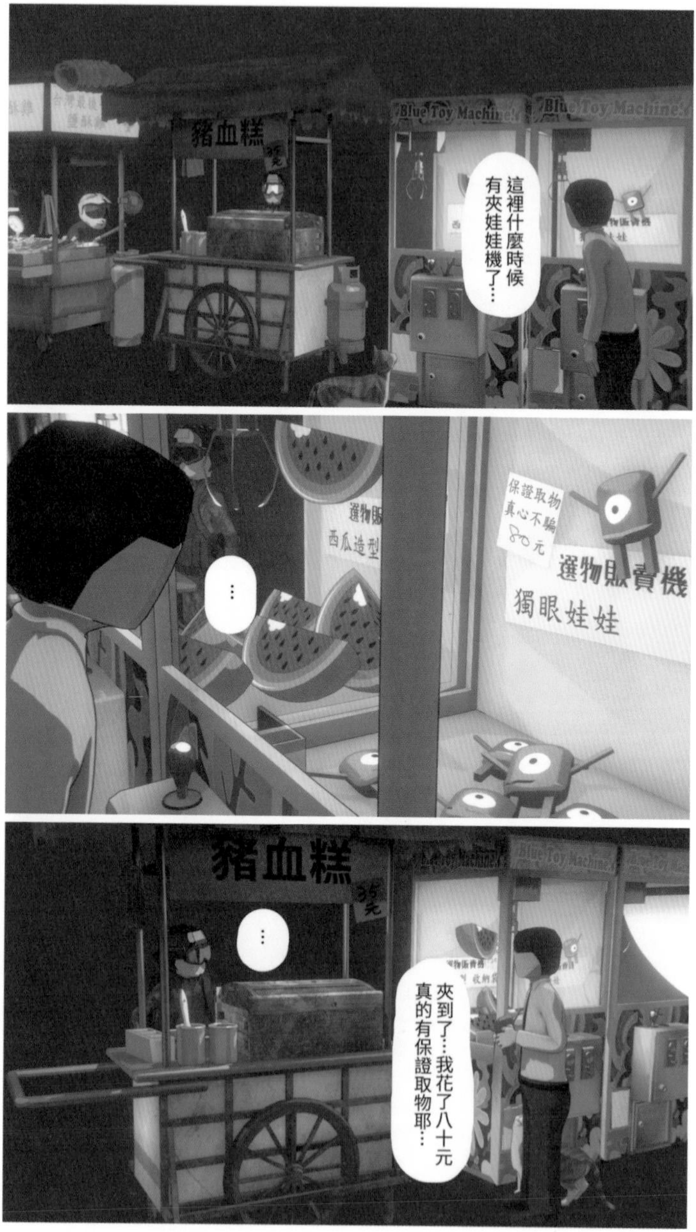
豬血糕
Blue Toy Machine!
這裡什麼時候有夾娃娃機了…
選物販
西瓜造型
保證取物
真心不騙
80元
選物販賣機
獨眼娃娃
…
豬血糕
…
夾到了…我花了八十元
真的有保證取物耶…

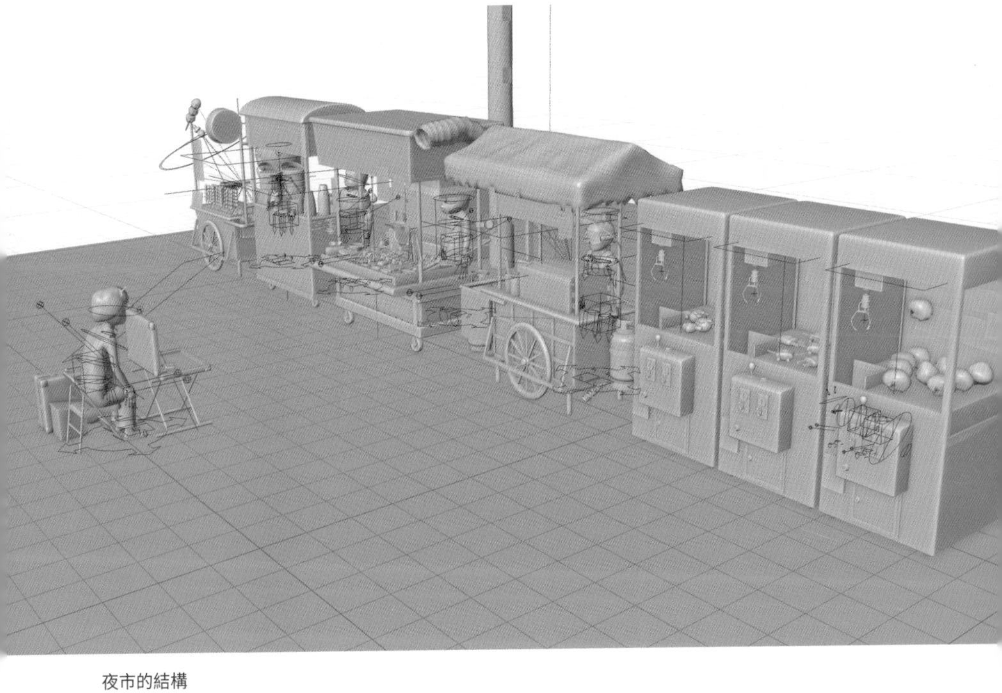

夜市的結構

吹噓

在公司裡，吹噓有時候是種必要的技能，為了能讓其它的人信服於你，進而有效率的進行企業內部管理？

但是大部分在公司裡喜歡吹噓的人，其實只不過是因為虛榮心作祟而習慣性説謊罷了，但就像是吹氣球一樣，當你不斷的吹，總有一天你的氣球一定會爆的……

我跟你說，公司能夠到今天這個規模，基本上都是靠我撐起來的～
哦～
新人
他明明下班時間一到人就不見了
打開
新人
想當初啊，公司就我跟另外兩個員工，我整天就要一直想、一直想該怎麼做
好厲害喔～

我就是另外一個…明明就都我們在做，他只會出張嘴，講些五四三根本沒用的東西
新人
跟你說還有之前遇到金融風暴啊，如果沒有我在，你現在就沒有機會在這裡上班了～
您好厲害喔～
新人
我們那個時候明明就都在放無薪假…他那個時候根本就沒來公司啊…

你看大老闆能夠爽爽過，都是因為我啊～
您說的是！
新人
那是因為老闆本來就有錢吧～
新人
現在公司很多流程啊，都是我幫忙訂出來的
您好強喔～
新人

是啦，他只負責簽名……明明就是我們開會開到死，流程才訂出來的……
新人
我可是三歲出來擦鞋貼補家用，六歲賣血救老母，八歲大專聯考得第一，十二歲得十大傑出青年獎～
新人
比周星馳還會講
唉呦，老闆您今天怎麼有空來這裡呢？
新人

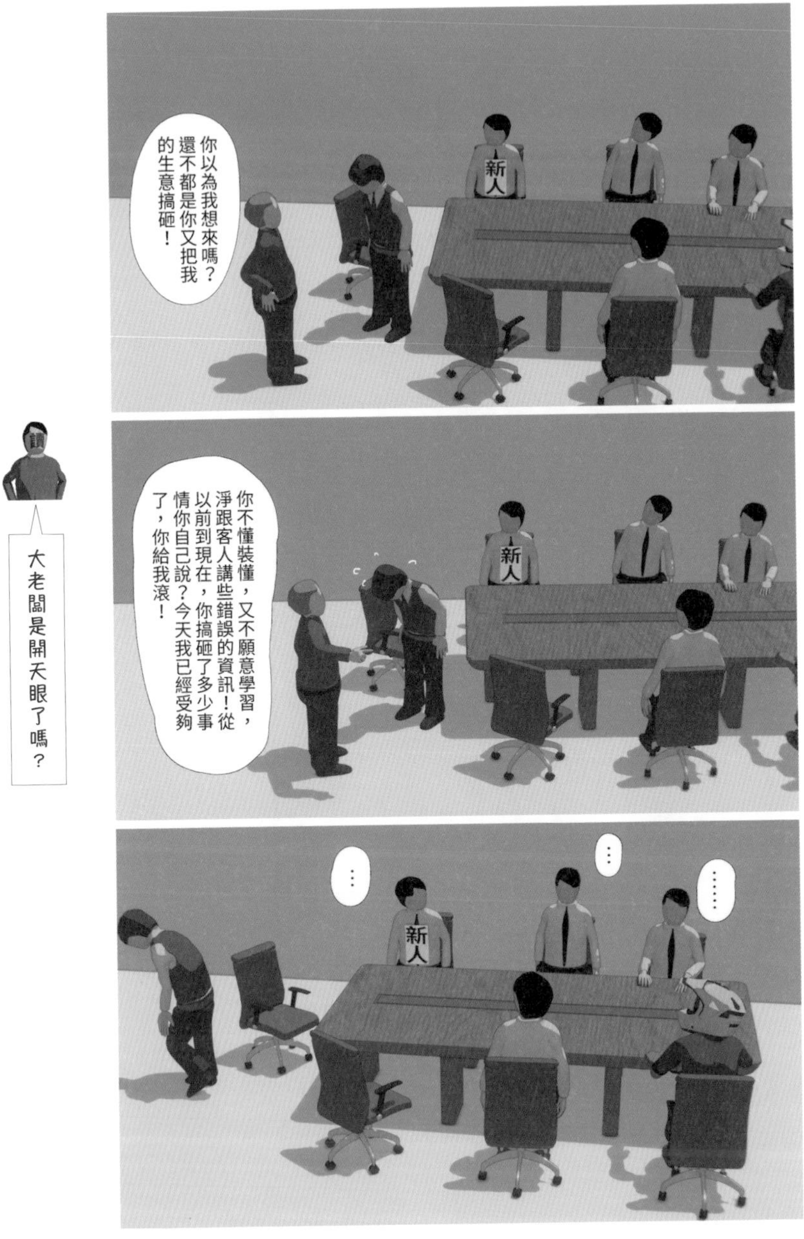
你以為我想來嗎？還不都是你又把我的生意搞砸！
新人
大老闆是開天眼了嗎？
你不懂裝懂，又不願意學習，淨跟客人講些錯誤的資訊！從以前到現在，你搞砸了多少事情你自己說？今天我已經受夠了，你給我滾！
新人
……
……
……
新人

貪得無厭

公司裡有些人很喜歡這樣軟土深掘，不管職位高低都一樣。

他們很喜歡凹別人幫忙做事，如果成功，他馬上就會開始盤算下一次，而且會越凹越多；如果這個時候你沒拒絕，他就會陰魂不散的跟著你，然後三不五時就凹你一下；而且更恐怖的是，就算你幫他做了很多，他都會覺得是理所當然。

你這份報告明天早上
我要在我桌上看到啊~
怎麼會這麼多…
你看看是不是，
願意做就做得到啊

報告老闆，那是因為
我昨天沒有回家⋯
⋯
你想要說什麼？
這次我要這兩份報告
明天早上在我桌上看到啊

那個、這真的不可能啊…
你上次都可以了，不要跟我說這次不行！
我想回家…

你看看我就說你可以啊～

接下來這三份報告，一樣明天早上啊～
⋯

人客啊！看看想吃什麼～
請先付款
加盟專線：097302584
鹽酥雞
LINE貼圖

加盟專線：097302584
鹽酥雞
LINE貼圖
15分鐘吃完
地獄炸大餅
獎金2000元
請先付款
我買一份雞排跟一份魷魚，你再送我一份甜不辣啦～
好啊！你以後要常來捧場喔～
既然都送我甜不辣了，再多給我一份百頁嘛～

台灣最後一家 鹽酥雞
加盟專線：097302584
鹽酥雞 LINE貼圖
不行啦，這樣我不好做生意啊，對不起啦～
請先付款
不然送我兩片魚板？你都送我甜不辣了～
不然我自己拿～
隔壁在確認眼神了！

不要啦超靠杯
1001cc
台灣最後一家鹽酥雞
豬血糕
噗！
又來！
別再這樣了啦！
Hp↑
Hp↑
出門在外一定要記得帶這種補師

不要啦超靠杯 1001cc
台灣最後一家 鹽酥雞
豬血糕
HP↑
HP↑
你有沒有好一點
剛剛那是什麼？我現在全身充滿了力量！

要啦超靠杯1001cc
台灣最後一家
豬血
請先付款
再給我多一點！不然我報警
把你們這些傢伙通通抓起來！
不要啦超靠杯1001cc
台灣最後一家鹽酥雞
豬血糕
好、好吧…
不要啦超靠杯
台灣最後一家鹽酥雞
豬血糕
那個…再這樣下去，
你的身體會受不了啊！
喔喔喔喔！
我充滿了力量啊！

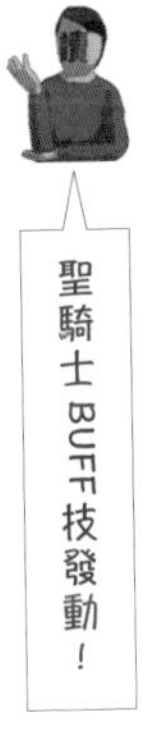
聖騎士BUFF技發動！

不要啦超靠杯1001cc
台灣最後一家 鹽酥雞
豬血糕
少說廢話！
我說停才能停！
繼續繼續！
喔喔喔喔喔喔！
哈哈哈哈哈哈！
喔喔喔喔喔
嗚嗚嗚嗚嗚
噗噗噗噗噗噗！
要變身了還是？？

喂！那A按呢？

又有新食材了！

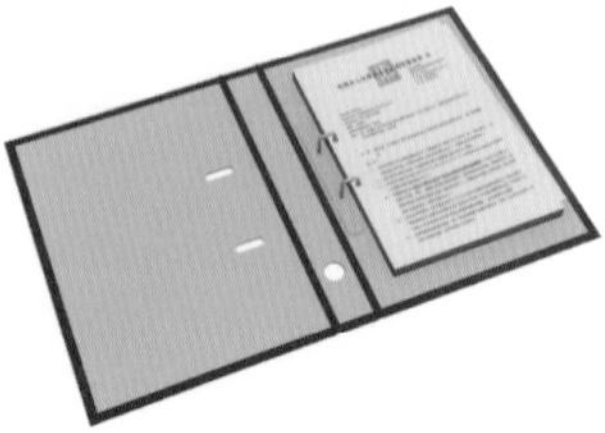

空頭支票

在以前的公司裡，常常會收到這種永遠不可能兌現的空頭支票；當時真的是傻得可以，竟然可以為了沒有白紙黑字的口頭約定就如此的拼命，結果到頭來自己的一切努力對於公司來說，一文不值。

所以現在學聰明了，在自己的心裡建立一套儲值系統，如果沒有儲值進足夠的金額，那我就不可能有多餘的付出，就是這麼簡單。

我跟你說不然這樣，如果你這個月把這個專案給拼完，我把上升你當副理！
報告老闆！我如期完成這個專案了！之前您說的副理⋯
什麼？什麼副理？說到這個專案，我都還沒有檢討你呢

這個專案的營收沒有
達到我想要的標準啊…
但是老闆…
你當初並沒有說…
你不用再找藉口了…

我說不然這樣啊，這次的活動素材，如果你可以在這星期通通設計完畢，我這次絕對發你獎金～
報告老闆！我這星期連續加班，素材通通都做完了！這個月的獎金就⋯⋯
獎金？什麼獎金！這次活動流量太低了，我覺得你的素材做太醜是主要的原因，沒扣薪水你就該偷笑了！

什…什麼？
怎麼可以這樣…
請先付款
獄炸大餅
分鐘吃完
獎金
來看看要吃些什麼啊～
獄炸大餅
分鐘吃完
獎金2000元
我說老闆啊…不然這樣，今天我跟你買鹽酥雞，你幫我打個79折，啊我以後還有很多機會來跟你買，你絕對不會吃虧…
常聽到這種說詞欸！

鹽酥雞
LINE貼圖
15分鐘吃完
地獄炸大餅
獎金2000元
請先付款
…
…
台灣最後一家 鹽酥雞
加盟專線：097302584
超靠杯
1001cc
不要啦
好啊！
喔
我們剛好最近開始試著使用儲值系統～
騙員工的方法騙得過小深藍嗎？

請先付款
鹽酥雞 LINE貼圖
15分鐘吃完 地獄炸大餅 獎金2000元
超靠杯 1001cc
只要您先加值五千，第一次消費七九折！
每月七號滿千再折一百
請用台灣最後一家鹽酥雞儲值系統
…
台灣最後一家鹽酥雞
加盟專線：097302584
欸…這位客人…您要去哪裡啊？

能活著離開，算你好運

不敢下班

「明明就已經到下班時間了，自己份內的工作也都做完，但是你環顧四週，看到所有的同事都還在敲鍵盤演戲，比賽誰能留在公司比較久時。你是否還有勇氣，收拾好包包，在大家的目光中，準時下班回家去嗎？」

收好包包卻遲遲不敢站起來的K同事說

徵的就是你

慣老闆篩選法，看看這些精美的徵才條件，就知道他們心中真正想要的並不是人才，只是便宜又好使喚的奴隸罷了。就連最基本法律保障的勞健保，都視為公司額外給予的福利。

看到開出這種條件的工作，別猶豫，立刻按下刪除或將傳單丟進垃圾桶內就對了！

※本篇為臉書徵稿活動之內容，感謝大家熱情參與！

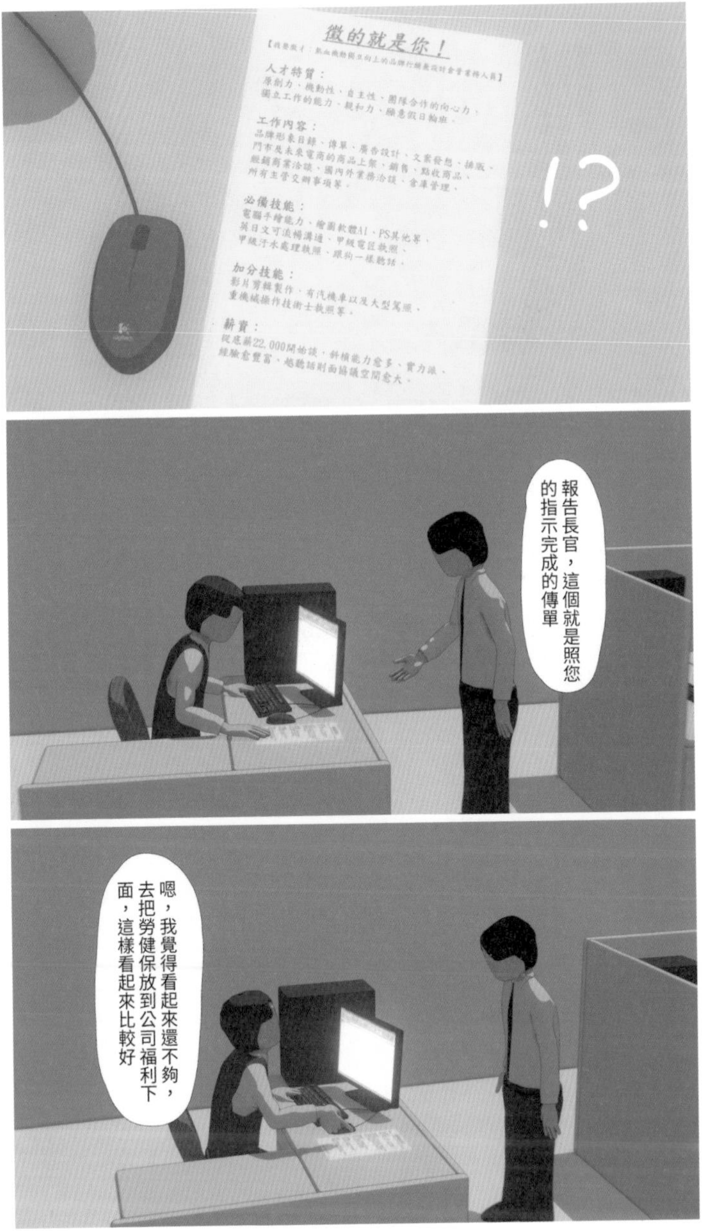

徵的就是你！
人才特質：
原創力、機動性、自主性、團隊合作的向心力、
獨立工作的能力、親和力、願意假日輪班。
工作內容：
品牌形象目錄、傳單、廣告設計、文案發想、排版、
門市及未來電商的商品上架、銷售、點收商品、
經銷商業洽談、國內外業務洽談、倉庫管理、
所有主管交辦事項等。
必備技能：
電腦手繪能力、繪圖軟體AI、PS其他等、
英日文可流暢溝通、甲級電匠執照、
甲級汙水處理執照、跟狗一樣聽話。
加分技能：
影片剪輯製作、有汽機車以及大型駕照、
重機械操作技術士執照等。
薪資：
從底薪22,000開始談，斜槓能力愈多、實力派、
經驗愈豐富、越聽話則面議議空間愈大。
!?
報告長官，這個就是照您的指示完成的傳單
嗯，我覺得看起來還不夠，去把勞健保放到公司福利下面，這樣看起來比較好

(一星期後)
怎麼都沒有人來應徵？你們到底有沒有好好宣傳公司啊？
再去把周休二日寫到公司福利裡面去！
全部都是該有的東西，算哪門子福利啊？
與其在那裏玩文字遊戲，不如直接提高薪水吧⋯
⋯
那個誰，你過來

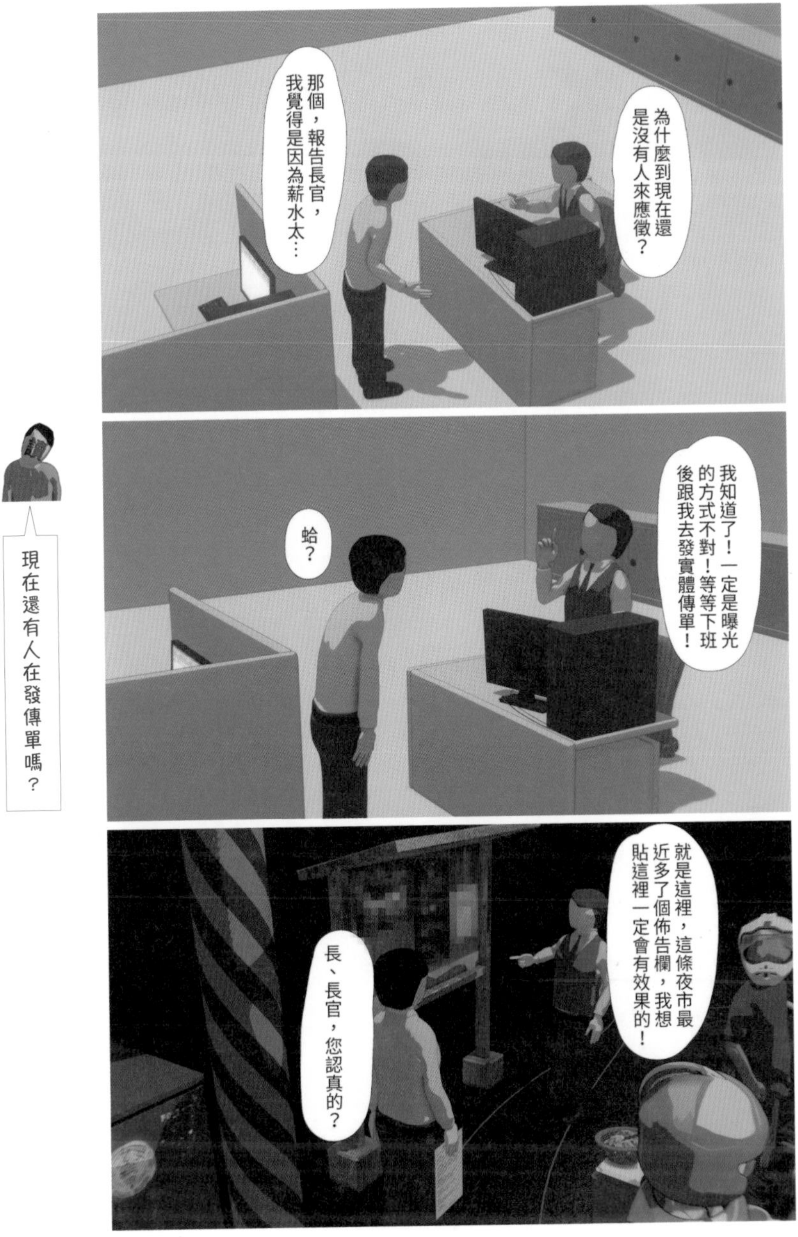
為什麼到現在還是沒有人來應徵？
那個，報告長官，我覺得是因為薪水太……
我知道了！一定是曝光的方式不對！等等下班後跟我去發實體傳單！
蛤？
就是這裡，這條夜市最近多了個佈告欄，我想貼這裡一定會有效果的！
長、長官，您認真的？
現在還有人在發傳單嗎？

你還沒有嘗試就打算放棄？
…
哦~徵的就是你，
這薪水也太少了吧？
怎麼了？
貼傳單喔？

豬血糕老闆為什麼已經準備好棒子了？

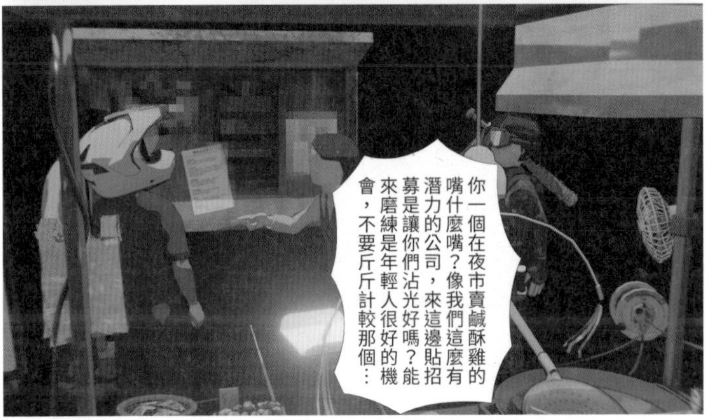

★感謝臉書網友熱烈響應，提供本格精彩對白！

噗！

這棒下去才是完美ENDING嘛！

BYE ~
BYE ~